工信精品**人工智能**系列教材

"十三五"
江苏省高等学校重点教材
（编号：2020-2-064）

人工智能
基础与应用
第 2 版 微课版

宋楚平 陈正东◎主编

张巍 邵世智 姚锋刚 武栋 张文洁◎副主编

人民邮电出版社

北　京

图书在版编目（CIP）数据

人工智能基础与应用：微课版 / 宋楚平，陈正东主编. -- 2版. -- 北京：人民邮电出版社，2025. （工信精品人工智能系列教材）. -- ISBN 978-7-115-66453-2

Ⅰ. TP18

中国国家版本馆 CIP 数据核字第 2025K0C980 号

内 容 提 要

人工智能是新一轮科技革命和产业变革的重要驱动力量，是研究利用计算机系统实现人类智能的理论、方法和技术的科学。本书系统介绍了人工智能的基本内容和实用技能，主要包括人工智能的发展历程、人工智能首选开发语言 Python、线性回归方法、几种主要的分类器、聚类分析算法、个性化推荐、语音识别技术和人脸识别应用等。

本书以培养读者的人工智能素养、人工智能思维和人工智能基础应用能力为设计理念，以问题为导向、以项目为载体、以任务为目标来构建学习内容，突出人工智能的新内容、新技术和新应用。

本书可作为高等院校电子信息、人工智能技术应用等专业相关课程的教材，也可作为人工智能学习与实践的参考书供广大读者使用。

◆ 主　　编　宋楚平　陈正东

　　副 主 编　张　巍　邵世智　姚锋刚　武　栋　张文洁

　　责任编辑　初美呈

　　责任印制　王　郁　焦志炜

◆ 人民邮电出版社出版发行　　　北京市丰台区成寿寺路 11 号

　　邮编　100164　电子邮件　315@ptpress.com.cn

　　网址　https://www.ptpress.com.cn

　　大厂回族自治县聚鑫印刷有限责任公司印刷

◆ 开本：787×1092　1/16

　　印张：14　　　　　　　　　　2025 年 2 月第 2 版

　　字数：323 千字　　　　　　　2025 年 7 月河北第 2 次印刷

定价：59.80 元

读者服务热线：(010)81055256　印装质量热线：(010)81055316
反盗版热线：(010)81055315

前　言

人工智能是世界多元产业建设的重要一环，也是全球范围内的新一轮科技、产业变革以及经济发展的重要驱动力量。聊天机器人、文生视频、自动驾驶、智能家居、智慧工厂……随着技术的不断进步，人工智能新的应用领域也在不断涌现。我国高度重视人工智能发展，早在 2017 年 7 月，国务院就印发《新一代人工智能发展规划》，提出了面向 2030 年我国新一代人工智能发展的指导思想、战略目标、重点任务和保障措施，部署构筑我国人工智能发展的先发优势，加快建设创新型国家和世界科技强国。习近平总书记曾指出，"我国经济已由高速增长阶段转向高质量发展阶段，正处在转变发展方式、优化经济结构、转换增长动力的攻关期，迫切需要新一代人工智能等重大创新添薪续力""发展人工智能，将为我国构建现代化经济体系、实现高质量发展提供重要支撑"。近年来，以大模型和生成式人工智能为代表的通用人工智能技术进入成果爆发期，在智能教育、决策辅助、人机互动等方面表现出强大的生命力和广泛的应用前景，不断催生出各领域的新产品、新技术和新业态。在此背景下，加强人工智能人才队伍建设，为第四次工业革命和产业发展提供更加充分的人才支撑势在必行。作为新时代高等院校的大学生，应该具备人工智能时代的思维和视野，掌握人工智能的基础理论，能主动运用人工智能方法和技术来分析和解决本专业、本行业的应用问题，促进人工智能与专业、行业发展深度融合，形成新质生产力，助力社会高质量发展。

在人工智能赋能各行各业的背景下，高等院校的人工智能基础教育也需因时而变，以满足人工智能与行业、产业发展深度融合产生的人才需求。为此，本书第 2 版在前一版的基础上吸取国内广大院校任课教师和学生的相关建议，更新和增加以下内容，力求与时俱进。

（1）升级 Python 版本，引入 Anaconda 作为人工智能应用开发的环境，以符合初学者的学习要求。

（2）对线性回归的应用案例进行调整，案例的内容更贴近行业实际，尽可能兼顾实用性、典型性和时代性。

（3）更新分类和聚类的学习项目，在提升项目新颖性的同时拓展人工智能技术的应用范围。

（4）增加在线语音合成和 YOLOv10 目标检测技术，凸显国产人工智能技术的实力，展现我国科技人员的担当。

本次修订还涉及课后习题、配套在线开放课程资源和教学演示文稿，它们将与教材同步更新。

本书得到了江苏高校"青蓝工程"优秀教学团队立项资助（编号：2022-2）、江苏省职业教育"双师型"名师工作室立项支持（编号：2023-2）、江苏省高等教育教改研究立项课题资助。广东泰迪智能科技股份有限公司的张文洁工程师审阅了书中案例，提出了宝贵的意见。一些院校的师生反馈了很好的建议和意见。在此一并表示真诚的谢意。

由于编者水平有限，书中难免存在不足之处，如果您有建议或意见，请与编者联系。联系方式：ntscp@sina.com。

编 者
2024 年 7 月

目 录

模块 ❶ 人工智能：开启智慧新时代

　　人工智能（Artificial Intelligence，AI）技术正高速发展，"智能经济时代"的全新产业版图正在逐步形成。我国人工智能的商业化应用主要表现出互联网智能化、公共服务智能化、实体产业智能化三大阶段性特点。在金融、零售、电子商务、物流、教育、医疗等领域，人工智能已经实现了广泛的应用，为人们开启了一个全新的"智能生活时代"，展现出了巨大的应用前景。随着以人工智能为代表性技术的第四次工业革命的到来，作为学习者，我们一是要主动思考如何将自己的专业岗位与人工智能加速融合，培养自己的人工智能思维并提升工作效率，促进职业成长；二是要增强人工智能方面的创新意识，开辟新领域、新赛道或者对现有工作领域实施颠覆性改革。习近平总书记曾指出："加快发展新一代人工智能是我们赢得全球科技竞争主动权的重要战略抓手，是推动我国科技跨越发展、产业优化升级、生产力整体跃升的重要战略资源。"人工智能已经来到人们身边，它的前世今生是怎样的？让我们开启人工智能探索之旅，从本书中找到答案。

　　本模块内容导读如图 1-1 所示。

图 1-1　模块 1 内容导读

1.1　人工智能的缘起

1.1.1　什么是人工智能

人工智能的缘起

　　当我们拿起智能手机购物时，购物 App 往往会如图 1-2（a）所示推荐商品。当我们想绘画时，可以通过图 1-2（b）所示的智能绘画功能一键生图。此外还有聊天机器人、自动驾驶汽车、多语言翻译笔等智能设备正服务于我们的工作和生活。

　　以上应用场景可能会促使人们思考一个问题：是什么技术让今天的世界发生如此大的变化？答案显然是人工智能。

（a）商品推荐　　　　　　　　　　　　（b）智能绘画

图 1-2　人工智能的一些应用

　　如果不进行跨度极大的历史追溯，现代人工智能的起点被公认为是 1956 年的达特茅斯会议。在这次会议上，约翰·麦卡锡（John McCarthy）、马文·明斯基（Marvin Minsky）等人确立人工智能为一门研究学科，为后续人工智能的发展奠定了学科基础。那么人工智能究竟是什么呢？可以从它的定义中略窥一斑。

　　人工智能的常见定义有两个：一个是由图灵奖获得者、"人工智能先驱"美国教授马文·明斯基提出的，即"**人工智能是一门科学，是使机器做那些人需要通过智能来做的事情**"；另一个是由美国斯坦福大学的尼尔斯·尼尔森（Nils Nilsson）教授提出的，即"**人工智能是一门关于研究知识的表示、知识的获取和知识的运用的学科**"。纵观这两个人工智能的定义，不难看出，人工智能有一定的"智慧"，它能完成人需要思考才能完成的一些工作。同时，人工智能以知识的应用为最终目标，通过它可以"发现"其他领域的知识，具有普适性、迁移性和渗透性，这也是人们把它作为通识学科进行学习的理由。因此，掌握人工智能的基本知识不仅是对人工智能研究者的要求，也是时代的诉求和人自身发展的要求。

1.1.2　人工智能的发展历程

　　目前，人工智能的发展历程分为萌芽期、启动期、消沉期、突破期和高速发展期 5 个阶段。

1. 人工智能的萌芽期

　　1943 年，数理逻辑学家沃尔特·皮茨（Walter Pitts）和神经科学家沃伦·麦卡洛克（Warren McCulloch）建立了 M-P 模型。M-P 模型概括了单个神经元的形式化数学描述和网络结构方法，证明了单个神经元具有执行逻辑运算的功能，开创了人工神经网络（Artificial Neural Network，ANN）时代。人们通常将 1950 年的图灵测试作为人工智能的启蒙，图灵测试即"人工智能之父"艾伦·图灵（Alan Turing）的著名论断：如果一台机器与人开展对话而被人错误地认为是人而不是机器，那么称该机器具有一定成分的智能。同时图灵指出，人类完全有能力创造出真正具有智能的机器。在此影响下，1954 年，美国的乔治·德沃尔（George Devol）设计出了世界上第一个可编程机器人。

2．人工智能的启动期

1956 年夏天，美国达特茅斯学院举行了历史上第一次人工智能研讨会，这被认为是人工智能诞生的标志。会上，达特茅斯学院数学系助理教授约翰·麦卡锡首次提出了"人工智能"这个概念，艾伦·纽厄尔（Allen Newell）和赫伯特·西蒙（Herbert Simon）则展示了他们编写的逻辑理论机器。

1958 年，约翰·麦卡锡正式发布了自己开发的人工智能编程语言——Lisp（List Processing）。后来的很多知名 AI 程序都是基于 Lisp 开发的。

1966 年，美国麻省理工学院（Massachusetts Institute of Technology，MIT）的魏岑鲍姆（Weizenbaum）发布了世界上第一个聊天机器人 ELIZA，图 1-3 所示为它的对话程序界面。它的智能之处在于它能通过脚本理解简单的自然语言，并能与人做类似人类之间做的互动。

图 1-3　ELIZA 对话程序界面

1968 年，美国计算机科学家爱德华·费根鲍姆（Edward Feigenbaum）提出了第一个专家系统——DENDRAL，并对知识库给出了初步的定义，这标志着专家系统的诞生。

1969 年，美国计算机科学家马文·明斯基成为第一个被授予图灵奖的人工智能学者。他发明了头戴式显示器，开发了第一个随机连线的人工神经网络学习机器。他与西摩·佩珀特（Seymour Papert）合著的 *Perceptrons: An Introduction to Computational Geometry* 一书成为构建人工神经网络分析理论的基础。

3．人工智能的消沉期

20 世纪 70 年代初，人工智能的发展遭遇了瓶颈。当时计算机有限的内存和处理速度不足以解决任何实际的人工智能问题。人们要求人工智能程序对这个世界的认识与儿童无异，但研究者们很快发现这个要求太高了。在当时没人能够做出存储智能信息的巨大数据库，也没人知道一个程序怎样才能学习如此丰富的信息。由于缺乏进展，一些机构（如英国政府、美国国防部高级研究计划局和美国国家科学委员会等）逐渐停止了对人工智能研究的资助，导致人工智能的发展一度进入"严冬"。

4. 人工智能的突破期

1982 年，卡耐基梅隆大学研发商用专家系统 R1 开始在美国数字设备公司（Digital Equipment Corporation，DEC）运转，每年为该公司节省上千万美元的成本，以专家系统为代表的人工智能产品得到市场的认可。

1986 年，戴维·鲁梅尔哈特（David Rumelhart）、杰弗里·欣顿（Geoffrey Hinton）和罗纳德·威廉斯（Ronald Williams）等人共同发表了一篇名为"Learning representations by back-propagation errors"的论文。该论文首次提出了一种适用于多层感知器（Multilayer Perceptron，MLP）的算法，叫作反向传播算法（Backpropagation，简称 BP 算法）。BP 算法不仅为多层神经网络的发展奠定了基础，也逐渐取代专家系统成为人工智能的主要研究方向，开启了人工智能由数据驱动的时代。

5. 人工智能的高速发展期

1997 年 5 月 11 日，国际象棋世界冠军加里·卡斯帕罗夫（Garry Kasparov）在与一台名为"深蓝"的由 IBM 开发的计算机经过 6 局比赛后认输。卡斯帕罗夫在前 5 局以 2.5：2.5 的比分与"深蓝"打平，在第 6 局决胜局中仅仅走了 19 步就败给了"深蓝"。图 1-4 所示为当时的对弈场景，右边的人为"深蓝"下棋的协助者。人类用自己创造的工具击败了自己，并且是在人类引以为傲的智慧领域，由此引发了一场有关人类创造物与自身关系的深层讨论。

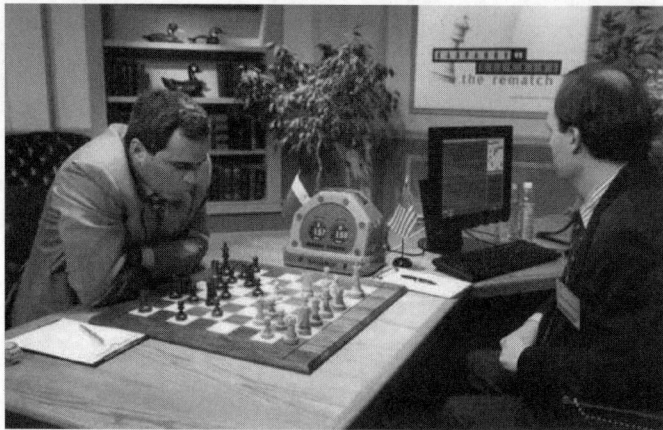

图 1-4 "深蓝"挑战卡斯帕罗夫

2006 年，杰弗里·欣顿首次提出深度信念网络（Deep Belief Networks，DBNs），深度学习（Deeping Learning）的概念随之正式诞生。2006 年被后人称为深度学习元年，杰弗里·欣顿也因此被称为"深度学习之父"。他与约翰·霍普菲尔德（John Hopfield）于 2024 年 10 月因"基于人工神经网络实现机器学习的基础性发现和发明"获诺贝尔奖。

2011 年，沃森（Watson）作为 IBM 公司开发的使用自然语言回答问题的人工智能程序参加美国智力问答节目，打败两位人类冠军，赢得了 100 万美元的奖金，这表明沃森有储备知识和运用知识的能力。

2013 年，深度学习算法被广泛运用在产品开发中，各人工智能实验室相继成立，探索深度学习领域，为用户提供更智能的产品；很多科技公司开始收购语音和图像识别公司，推广深度学习平台；百度公司创立深度学习研究院，不久后推出全球领先的人工智能服务平台。

图 1-5 所示为 AlphaGo 挑战李世石的棋局。2016 年 3 月 15 日，AlphaGo 与围棋世界冠军李世石的人机大战在第 5 场经过长达 5 个小时的"搏杀"后以李世石认输而结束，最终李世石与 AlphaGo 的总比分定格在 1：4。这一次的人机大战让人工智能正式被全世界熟知，整个人工智能市场也像是被引燃了"导火线"，开始了新一轮爆发式增长。

图 1-5 AlphaGo 挑战李世石

如今，人工智能技术高速发展，我国的人工智能应用产业全面开花。

2010 年～2017 年，在"AI to Consumer"的消费互联网领域，天猫和淘宝"千人千面"的商品推荐、腾讯公司的人工智能医学影像分析、字节跳动公司的今日头条、滴滴的早晚高峰拼车、饿了么的骑手智能派单等智能化应用，都是线上"数据富矿"催生的"智能平台"模式，并进一步实现了"人工智能的基础设施化"，智能云平台、智能超算集群等纷纷落地，实现了商业化输出。

2014 年至今，在"AI to Government"的智能政务领域，政府作为需求方，将人工智能融入铁路公路、机场港口、轨道交通、园区地产等基础设施领域，逐步实现社会基础设施的"智能化改造"，并在政务、教育、医疗等公共服务领域应用人工智能算法，深入挖掘公共数据资源，提升公职人员的服务效能。同时，国家加大政府对人工智能开放平台、芯片、智能制造的基础研发政策扶持力度，加大投入产业引导基金，孵化了一批科创企业。

2018 年开始，"AI to Business"逐渐兴起，人工智能与零售业、制造业、农业（种植业、养殖业）、物流供应链等行业深度融合。我国具有创新精神的大、中、小规模企业都在探索独特的"智能商业"转型路径，以商汤科技公司为代表的诸多人工智能独角兽企业，基于机器视觉、交互语音、自然语言处理（Natural Language Processing，NLP）等人工智能超算平台，逐步赋能百业，在公共服务之外寻求新的价值增长点。人工智能广告、增强现实（Augmented Reality，AR）直播、智能制造、人工智能养猪等初期标杆案例显示出各产业智能化的巨大发展空间。

2022 年 11 月，美国人工智能研究公司 OpenAI 的 ChatGPT 横空出世，带领人类进入大模型时代，如图 1-6 所示。ChatGPT 引入了基于人类反馈的强化学习，能够像人类一样进行自然对话，拥有广泛的知识储备，能够理解和生成自然语言文本。同时它能够根据上下文进行恰当的互动，并支持多语言环境。ChatGPT 以其知识的充足性、泛化性强、推理能力强和交互性强的优势，在对话生成、文本生成、语言翻译等多个领域大放异彩。

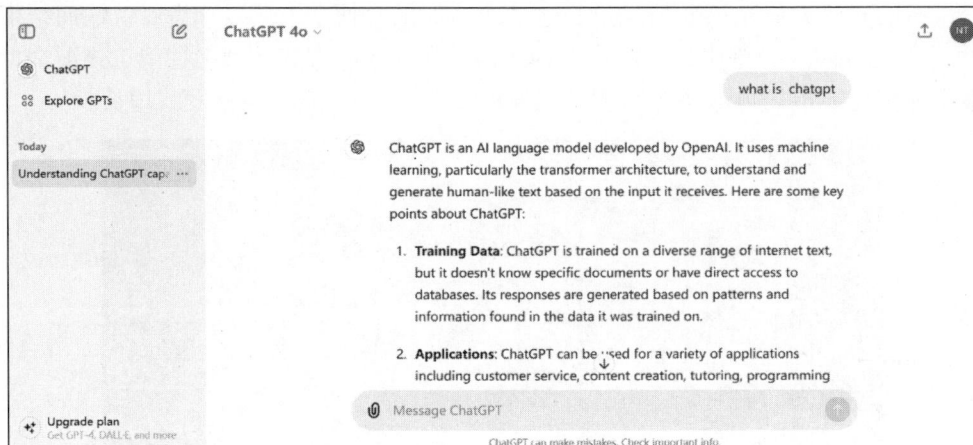

图 1-6　ChatGPT 对话界面

2024 年，OpenAI 公司发布的人工智能文生视频大模型 Sora 以其无限的创造潜力、深度模拟真实物理世界的能力、能生成具有多个角色且包含特定运动的复杂场景的魔力，震撼了整个世界，也标志着人工智能在理解真实世界场景并与之互动的能力方面实现了质的飞跃。

至此，可总结出人工智能的大致发展历程，如图 1-7 所示。

图 1-7　人工智能的大致发展历程

1.1.3　人工智能的特征及典型应用

1. 人工智能的特征

可以借助人工智能的定义来衡量一个对象、一个物体、一种应用是否具有人工智能，即它们是否具有以下特征。

6

（1）像人一样思考。即它们是有"头脑"的机器，可以做出与人类思维活动类似的活动，诸如决策、问题求解和学习等。

（2）像人一样行动。即它们能替代人类做需要智能、技艺的工作，甚至能完成人类更擅长的事情，例如精细操作、自动执行任务和跨媒体认知等。

可见，具有人工智能的机器能合理地思考、行动。人工智能涉及的知识涵盖数学、神经科学、心理学、计算机工程和控制理论等，如图 1-8 所示。

图 1-8　人工智能涉及的知识

由此可见，人工智能是一个相对复杂的系统工程，包含各学科的方方面面。

2. 人工智能的典型应用

从 1966 年世界上第一个聊天机器人 ELIZA 发布，到后来的专家系统（如 DENDRAL 系统，该系统根据输入质谱仪的测量数据自动输出给定物质的化学结构；我国科学家于 1978 年研制出国内第一个中医肝病诊治专家系统）取得成功，再到后来 AlphaGo 战胜曾经的围棋世界冠军李世石，以及最近不断发展的人工智能应用，人工智能一次又一次地点燃了人们的热情和期盼，许多国家高度重视人工智能的发展。美国是第一个将人工智能发展上升到国家战略层面的国家，英国通过《在英国发展人工智能》等政策文件加速人工智能技术的应用，日本于 2015 年制定了《日本机器人战略：愿景、战略、行动计划》。我国也发布了《新一代人工智能发展规划》，提出部署构筑我国人工智能发展的先发优势，加快建设创新型国家和世界科技强国。由此，人工智能迅速发展。

目前，人工智能已广泛应用于各行业、各领域，为企业、行业的创新应用和人们生活的升级注入了新的动力，一些典型的应用如下。

（1）自动驾驶

在拥挤的城市里，出行难成为现代城市发展的"通病"。如果有了自动驾驶，出行问题可能就会迎刃而解。图 1-9 所示为自动驾驶汽车。

图 1-9　自动驾驶汽车

到目前为止，自动驾驶领域"群雄逐鹿"的局面已经形成，苹果等国外科技公司都瞄准了这个方向，我国的华为、百度、小米、上海汽车等公司也正在开展自动驾驶研究。自动驾驶技术主要有两条研究路线：一条是"渐变"路线，即在现有汽车的基础上新增一些自动驾驶功能，如通过添加传感器收集车载数据来实现对路况的分析，辅助安全驾驶；另一条是"革命"路线，即颠覆传统的汽车功能、结构，依靠车载激光雷达、视频感知、卫星定位、计算机控制等实现自动驾驶。自动驾驶涉及的主要软、硬件如图 1-10 所示。

| 自动驾驶涉及的主要软、硬件 | 传感器 | 地图和定位系统 | 决策单元 | 网络通信系统 | 自动控制系统 | …… |

图 1-10　自动驾驶涉及的主要软、硬件

无人驾驶技术作为人工智能和新能源革命的集大成者，正以前所未有的速度在我国蓬勃发展。这一技术的迅速崛起不仅标志着我国在新兴科技领域的重大突破，更预示着未来交通出行方式和相关行业的深刻变革。例如在汽车生产行业，企业可能会将"汽车销售"转化为"销售服务一体化"；在保险行业，由于自动驾驶或能减少车祸的发生，汽车保险的定义、资金流向和产业结构也可能发生巨大的变化；对交通和安全管理部门来说，驾照的发放和违章处理也可能被取消或重新定义。这一切都会对人们的生活产生较大的影响，未来值得期待。

（2）人脸识别

人脸识别也称人像识别、面部识别，是基于人的脸部特征信息进行身份识别的一种生物识别技术。人脸识别涉及的技术主要包括计算机视觉、图像处理等。图 1-11 所示为人脸识别机。

人脸识别技术的研究始于 20 世纪 60 年代，之后，随着计算机技术和光学成像技术的发展，人脸识别技术水平在 20 世纪 80 年代不断提高。在 20 世纪 90 年代后期，人脸识别技术进入初级应用阶段。目前，人脸识别技术已广泛应用于多个领域，如金融、司法、公安、边检、航天、电力、教育、医疗等。关于人脸识别技术应用的有趣案例：警方多次利用人脸识别技术在明星演唱会上抓到了在逃人员。例如，2018 年 4 月 7 日，某明星演唱会开始后，场内一名听众被警方带离现场。实际上，该听众是一名逃犯，被安保人员通过人脸识别系统锁定。随着人脸识别技术的进一步成熟和社会认同度的提高，其将应用在更多领域，给人们的生活带来更多改变。

图 1-11　人脸识别机

（3）医学影像处理

医学影像处理是目前人工智能在医疗领域的典型应用，处理的对象是通过各种成像原理形成的医学影像，如临床医学中被广泛使用的核磁共振成像、超声造影成像等。图 1-12 所示为全息医学影像支持医疗手术的场景。

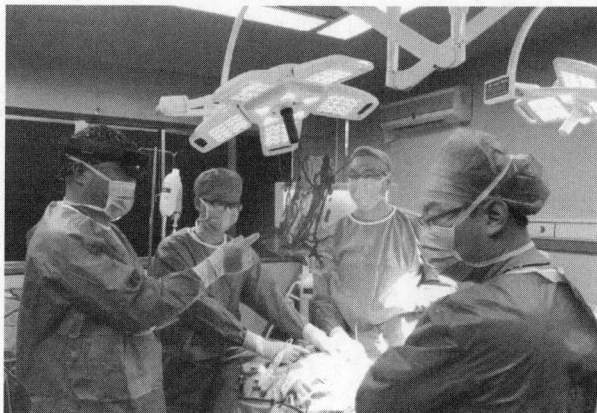

图 1-12　全息医学影像支持医疗手术的场景

　　传统的医学影像诊断主要通过观察二维切片图发现异常，这往往需要医生具有丰富的临床经验。而利用计算机图像处理技术可以对医学影像进行图像分割、特征提取、定量分析和对比分析等，进而完成病灶识别与标注、针对肿瘤放疗环节的影像的靶区自动勾画，以及手术环节的三维影像重建等。

　　医学影像处理可以辅助医生对异常区域及其他目标区域进行定性甚至定量分析，从而大大提高医疗诊断的准确性和可靠性。另外，医学影像处理在医疗教学、手术规划、手术仿真、各类医学研究、医学二维影像重建中也具有重要的辅助作用。

　　（4）机器人

　　所谓机器人，是指由仿生元件组成并具备运动特征的机电设备，它具有操作物体和感知周围环境的能力。机器人很早就出现在科幻电影中，1959 年诞生了世界上第一台工业机器人。如今，随着计算机、微电子、人工智能等信息技术的迅猛发展，机器人的智能化程度越来越高，其应用范围从传统的工业制造快速扩展到家庭服务、医疗、教育和军事等领域，并在这些领域大显神通，图 1-13 所示为工业自动化、科学研究和安防巡检行业中应用的一些机器人。

图 1-13　机器人示例

现在的机器人与过去的机器人的区别在于：现在的机器人可以更好地与人互动，具有更强的感知能力。

作为一种典型的机电一体化、数字化设备，机器人的技术附加能力强、应用范围广，对未来生产和社会生活有着重要意义。那么，机器人是由哪几个部分构成的呢？图 1-14 所示为机器人的基本组成系统。

图 1-14 机器人的基本组成系统

由图 1-14 可知，机器人主要由感知系统、人机交互系统、控制系统、驱动系统、机械系统、机器人与环境交互系统 6 个部分构成。

① 感知系统：由内部、外部传感器模块组成，可获取内、外部环境中有价值的信息。智能传感器的使用提高了机器人的机动性、适应性和智能化水准。对于一些特殊的信息，传感器比人类的感知系统更灵敏。

② 人机交互系统：人与机器人进行联系和参与机器人控制的系统，主要包括指令给定装置和信息显示装置。

③ 控制系统：根据机器人的作用指令程序以及传感器反馈回来的信号支配机器人的执行机构去完成规定的运动和功能。

④ 驱动系统：机器人各个关节处安装的传动装置，可以使机器人运动起来。

⑤ 机械系统：由机械构件和传动机构组成。例如工业机器人的机械本体类似于具备上肢机能的机械手，由手部、腕部、臂、机身等组成。

⑥ 机器人与环境交互系统：实现机器人与外部环境中的设备相互联系和协调的系统。机器人与外部环境中的设备集成为一个功能单元，如加工制造单元、装配单元等。

（5）智能家居

图 1-15 所示为智能家居示意图。近年来，随着人工智能技术的赋能，智能家居产业迅速发展，家居生态趋于成熟，智慧新生活已经走进千家万户。2014 年，智能蓝牙音箱 Echo 问世，它接收用户的语音指令以控制家电产品、打车，或帮用户在电商平台采购物品。2016 年，国外某公司发布人工智能管家 Jarvis，这个管家不仅可以调节室内环境、安排会议行程、定时做早餐、自动洗衣服、辨别并招待访客等，还可以与家里的小朋友聊天。海尔公司推

出的 U-home 是海尔智能家居生活解决方案，它以人工智能为技术支撑，将所有的家居设备通过信息传感设备与网络互连，用户可通过打电话、发短信、上网等方式与家中的电器设备互动。

图 1-15　智能家居示意图

不难看出，随着智能家居的发展和消费人群对美好生活的向往，目前人们已经有了对智能家居单品的稳定需求。智能家居的生态逐渐成熟，应用市场逐渐扩大，其应用场景将在家庭安全防护、改善生活环境的基础上向家庭医疗健康、节能环保、娱乐教育等领域扩展，不断渗透到家居生活的方方面面，引领互联互通、智能智慧的新生活。

（6）媒体娱乐

随着 Sora、百度 ERNIE 和清华大学的 Vidu 等大模型的相继问世，人们可以通过非常便利的操作使用文本生成悦耳的音乐、进行流畅的人机对话以及制作炫酷动画等。人工智能技术的进步使得生成各种媒体内容变得易如反掌，不论是聊天互动、广告制作还是游戏开发，都能在极短的时间内完成。这样的便利性极大地提高了媒体和娱乐行业从业者的工作效率，使他们能够轻松且高效地创造出所需的内容。这不仅减轻了设计师的工作负担，还为整个媒体和娱乐行业注入了创新活力，并降低了创作的门槛。图 1-16 是由 Sora 生成的短视频截图。

图 1-16　Sora 生成的短视频截图

Sora 不仅具备对文本的理解能力，还能够根据提示词生成高质量的图像和视频，并且能够对视频进行向前或者向后的拓展，甚至可以达到以假乱真的程度。

综上所述，我国人工智能产业市场巨大，总体的发展趋势如下。

① 研发创新能力需要进一步加强。近些年来，我国在人工智能领域的科技实力增速明显，在全球 AI 领域占据重要地位。例如，中国在全球人工智能创新指数上的表现仅次于美国，且与美国的差距进一步缩小。但我国仍需继续加强人才培养和研发力量、持续投入研发时间和经费，以保持创新领先地位、推动人工智能技术的持续发展与应用。

② 智能升级势不可挡。由于国内劳动人口增长缓慢、劳动力成本提高，人口红利会随之消失，较有效的应对方法是对制造业进行自动化改造。在政府和企业的智能改造升级过程中，机器人市场会持续收获关注。

③ 服务机器人将被大面积应用。当下人口老龄化趋势明显、劳动力成本提高，人们对高质量服务的刚性需求增多。在这样的发展背景驱动下，保姆机器人、客服机器人、无人银行、无人机、导游机器人等一大批服务机器人会有更大的发展空间，或将成为未来机器人的主力军，市场份额不可估量。

1.1.4 人工智能伦理

人工智能技术不断进步，为各行各业带来更多的发展机遇。但人工智能在工业、农业、教育等领域发挥正面效应的同时，也引发了人们关于机器智能的讨论，最终引起了伦理方面的考虑。其实早在 1976 年，聊天机器人 ELIZA 的开发者、计算机科学家魏岑鲍姆在其著作 *Computer Power and Human Reason* 中提出了关于人工智能开发人员的道德责任方面的思考。

1. 人工智能伦理的基本概念

伦理一词意指人的行为准则，是人与人之间和人与社会的义务，也是每个人源于道德的社会责任。对于人工智能而言，人工智能伦理是指开展人工智能研究、设计、开发、服务和使用等科技活动时需要遵循的价值理念和行为规范。例如，作为人工智能的开发者，需主动建立道德规范和约束机制，确保人工智能技术及其应用研发的合理合规，让其发展持续符合人类社会的法律和道德准则。作为人工智能的普通使用者来说，也要遵守人工智能伦理规范，尊重用户隐私，并承担社会责任。因此，不难看出，人工智能伦理关注技术的"真"与"善"，主要包含价值目标与行为要求两个方面。在价值目标上，人工智能伦理要求人工智能各阶段活动以增进人类福祉、尊重生命权利、坚持公平公正、尊重隐私等为目标。在行为要求上，人工智能伦理要求人工智能技术做到安全可控可信、透明可解释，在人工智能研发应用各环节强化人类责任担当，提倡鼓励多方参与和合作。

2. 人工智能领域常见伦理问题

人工智能技术快速发展，为社会带来了诸多利益，但也产生了如下的一系列伦理问题。

（1）算法产生的不公问题。由于数据本身的偏见或算法设计的缺陷，导致对某些群体产生不公平的对待。例如，智能监视系统可能因为种族或性别偏见而错误地识别和追踪特定的个体，智能教育平台的个性化指导算法可能因为数据偏差而影响教学资源分配的公平性等。

（2）人机关系的失衡问题。人工智能拟人化的思维活动、行为模式与人类自身的发展需求、价值定位、文化背景产生偏差与冲突。例如，智能机器人的普遍应用将挤占大量工作岗位，造成大面积失业现象。另外，一些聊天、社交机器人可能会替代或改变人与人之间的真实社交互动模式，对人类社会的社交关系和情感价值观产生负面影响。

（3）数据隐私问题。人工智能涉及的大数据在收集、存储、使用阶段可能会存在暴露个人身份、地理位置、历史记录等敏感信息的问题。例如，智能人脸识别保留了人脸的特征数据，如违规使用可能会使当事人面临财产损失和隐私暴露等风险。

（4）版权保护问题。近年来生成式人工智能（Artificial Intelligence Generated Content，AIGC）技术迅速崛起并广泛应用于创作领域，引发了新的版权争议问题。例如，人工智能生成的内容（论文、绘画、视频等）是否构成作品，进而受到版权法保护；生成的内容如果与著作权人主张的版权内容相冲突，如何来界定版权归属等。这类问题一直是各方关注的焦点。

3. 人工智能职业道德基本要求

新一轮科技革命和产业变革加速演进，人工智能作为核心驱动力，将进一步释放出巨大的科技能量。在此过程中，可能会产生新的人工智能伦理问题和应用风险。令人欣慰的是，以人为本、智能向善、促进可持续发展等已成为全球人工智能伦理共识。作为未来人工智能的从业者和使用者，至少要恪守以下几个方面的道德要求和行为准则。

表 1-1　人工智能职业基本道德要求和行为准则

道德和行为类别	基本内容
安全可控	人工智能的研究、应用要以有益科技进步、人类文明发展为基本准则。要对 AI 相关产品，尤其是能够威胁到人类生命安全的智能产品，必须提前做好前瞻性的道德伦理和安全评估，时刻警惕技术风险；保障 AI 相关产品的运行遵照人类法律和道德标准，保证人类始终占据 AI 相关系统的主导地位
尊重人权	AI 从业者和使用者需将尊重人权、公平正义作为基本职业道德操守，尊重人类尊严、权利以及文化多样性，消除偏见和歧视，保证人工智能让更多人受益。要始终坚持公平原则，充分考虑人种、地域、信仰等多方面的利益因素以及多数人的需求，避免由于人为因素造成的不平等现象，让 AI 造福全人类
保护隐私	在 AI 产业的数据收集、处理、应用、存储等环节，从业者要具备数据安全意识，收集数据需征得相关用户的同意和授权，并加强全周期的数据管理，严格遵守相关法律法规要求，加强多方监督，共同保证用户隐私安全
透明公开	在 AI 领域进行基础研究和应用开发时，需向所属关联公司等相关机构、社会公众公开项目目的、目标、功能等内容，接受外界监督，防止产生人为的方向错误和可能的伦理风险
谨慎规范	要时刻保持审慎的态度。不仅需要及时、有效地评估 AI 相关工作的风险，而且需要在难以评估潜在风险的情况下谨慎、规范地开展工作，切忌贸然行事

续表

道德和行为类别	基本内容
勇于担当	要对 AI 技术的应用后果具备强烈的责任意识。一方面需要及时发现和提出相关技术或应用的安全隐患；另一方面在危险发生后要勇于承担责任，查明原因，避免不良影响持续扩大；同时还需要主动分享相关经验，防止类似的错误或损害再次发生

1.2 机器学习与深度学习

机器学习与深度学习

1.2.1 机器学习的含义

机器学习（Machine Learning，ML）专门研究如何使用计算机模拟或实现人类的学习行为以获取新的知识或技能，以及计算机如何重新组织已有的知识结构从而不断提升自身的性能。机器学习最基本的做法就是使用算法解析数据并从中学习，然后对真实世界中的事件做出决策和预测。与传统的为完成特定任务、硬编码的软件程序不同，机器学习使用大量的数据来"训练"，通过各种算法从数据中学习如何完成任务。例如，邮箱里有自动垃圾邮件分类程序，它的工作就是收到一封邮件后，通过查看内容判断其是否为垃圾邮件。那么，它是如何判断的呢？首先需要一堆邮件，提取判断邮件正常与否的特征数据（如关键词、词频等），并对其中的普通邮件和垃圾邮件进行标注；随后，可以通过某种算法来构建一个模型，然后用数据进行训练，得到一条回归曲线。收到一封邮件后，判断它与回归曲线的距离，如果远离正常邮件回归曲线，则认为其是垃圾邮件。构建的模型从数据中学习以判断垃圾邮件，这就是机器学习。垃圾邮件分类过程如图 1-17 所示。

图 1-17　垃圾邮件分类过程

机器学习源于早期的人工智能领域。传统的人工智能算法包括决策树学习、推导逻辑规划、聚类、分类、回归、强化学习和贝叶斯网络等。

机器学习较成功的应用领域是计算机视觉领域，但仍需要大量的人工编码来完成工作。以停止标志牌的识别为例，人们需要手动编写分类器、边缘检测滤波器，以便让程序能识别拍摄到的物体从哪里开始，到哪里结束；编写形状检测程序来判断拍摄到的物体是不是有 8 条边；编写分类器来识别字母序列"S-T-O-P"。使用以上这些手动编写的程序，人们可以开发算法来感知图像，判断图像是不是一个停止标志牌。这个算法的效果尚可，但并不完美，特别是云雾天标志牌不那么清晰可见，或者被树遮挡住一部分时，算法就可能难以成功了。这就是为什么相当长的一段时间内，计算机视觉的处理能力一直无法接近人眼的处理能力，它比较僵化，比较容易受环境条件的干扰。随着时间的推进，机器学习算法的发展改变了一切。

1.2.2 深度学习的崛起

2017 年 4 月 6 日，人工智能系统与真人对打的扑克赛事——"冷扑大师"对战中国"龙之队"得克萨斯扑克牌表演赛在海南生态软件园开赛。"冷扑大师"相对于 AlphaGo 的不同之处在于，前者不需要提前背大量牌谱，也不局限于在公开的具有完美信息的场景中进行运算，而是从零开始，基于扑克游戏规则并针对游戏中对手的劣势进行自我学习，然后通过博弈论来衡量和选取最优策略。这是"冷扑大师"在比赛后程越来越凶悍，让人类玩家难以抵挡的原因之一。经过为期 5 天的角逐，"冷扑大师"对战中国"龙之队"得克萨斯扑克牌表演赛在海南生态软件园完美收官，人工智能系统"冷扑大师"最终以 792327 总记分牌的战绩完胜并赢得 200 万元人民币奖金。

"冷扑大师"人工智能系统又一次加深了人工智能在人们心中的印象。那么究竟是什么神奇的力量支撑了人工智能，使其具有如此高的"智商"呢？

在此，就不得不提到深度学习，它是人工智能发展高级阶段的产物，是人工智能的幕后英雄，是人工智能背后的算法支持。

深度学习的"横空出世"将机器学习的预测能力提高到一个空前的高度。人工神经网络是早期机器学习中的一个重要算法，历经数十年的风风雨雨，其原理受人类大脑的生理结构——互相交叉相连的神经元的启发。但与大脑中一个神经元可以连接一定距离内的任意神经元不同，人工神经网络具有离散的层，每次只连接符合数据传播方向的其他层。例如，可以把一幅图像切分成图像块，将其输入人工神经网络的第 1 层，第 1 层的每一个神经元都把数据传递到第 2 层，第 2 层的神经元也是完成类似的工作，把数据传递到第 3 层，以此类推，直到最后一层，然后生成结果。

每一个神经元都为它的输入分配权重，这个权重与其执行的任务直接相关。最终的输出由这些权重总和来决定。仍以停止标志牌的识别为例，将一个停止标志牌图像的所有元素都"打碎"，然后用"神经元"进行"检查"：八边形的外形、旧火车般的红色、鲜明突出的字母、交通标志的典型尺寸和静止不动的运动特性等。人工神经网络的任务就是基于这些元素，判断识别到的对象到底是不是一个停止标志牌。人工神经网络会根据所有权重给出一个经过"深思熟虑"的猜测——概率向量。

在标志牌识别的例子里，识别系统可能会给出这样的结论：所识别的对象有 86%的可能是一个停止标志牌，有 7%的可能是一个限速标志牌，有 5%的可能是一只挂在树上的风筝等。该例子实际是用人工神经网络来计算待识别对象属于某种物体的概率，如果计算出属于标志牌的概率最大，那它就会被识别为标志牌。其实在人工智能出现的早期，人工神经网络就已经存在了，但当时人工神经网络对于智能的贡献微乎其微。其主要问题是，即使是最基本的人工神经网络也需要进行大量的运算，人工神经网络算法的运算需求难以得到满足。

不过，还是有一些研究团队——以多伦多大学的杰弗里·欣顿教授为代表——坚持研究，实现了以超算为目标的并行算法的运行与概念证明。但直到图形处理单元（Graphics Processing Unit，GPU）得到广泛应用，这些努力才有了成效。回过头来看这个停止标志牌识别的例子。人工神经网络是被调制、训练出来的，还很容易出错，它最需要的就是训练，而且需要成百上千甚至几百万个图像来训练，直到神经元的输入的权重都被调制得十分精确，无论是雾天、晴天还是雨天，每次都能得到正确的结论。只有这个时候，才可以说人工神经网络成功地学习到了一个停止标志牌的样子。

再来看另外一个例子，吴恩达（Andrew Ng）教授实现了人工神经网络对猫的识别。吴恩达教授的突破在于，他把人工神经网络从基础上显著地扩大了，使得其层数非常多，"神经元"也非常多，然后给系统输入海量的数据（约 1000 万个网络视频中的图像）来训练，并为深度学习加入了"深度"（Deep）。这里的"深度"指人工神经网络中众多的层。现在，经过深度学习训练的图像识别技术在一些场景中甚至可以比人做得更好：从图 1-18 所示的识别猫到通过血液测试检测早期癌症，再到识别核磁共振图像中的肿瘤，都是深度学习的杰出表现。AlphaGo 先是学会了如何下围棋，然后与自己下棋进行训练。它训练自己的人工神经网络的方法就是不断地、反复地与自己下棋，永不停歇，这种学习能力和专注力是人类无法比拟的。

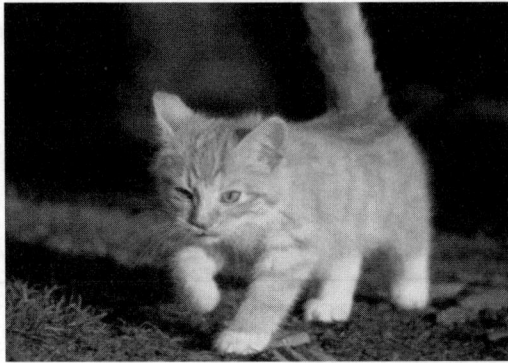

图 1-18　利用深度学习从视频中识别猫

从以上的叙述中，不难总结出人工智能、机器学习和深度学习三者之间的关系，如图 1-19 所示。

图 1-19　人工智能、机器学习和深度学习三者之间的关系

由此可见，机器学习属于人工智能的一个分支，是一种实现人工智能的方法，也是人工智能的基础。机器学习主要是设计和分析一些可以让计算机自动"学习"的算法。深度学习是机器学习中的一个新的研究领域，其动机在于建立模拟人脑进行分析学习的人工神经网络，它模仿人脑的机制来解释数据（如图像、声音、文本等），是一种基于人工神经网络的技术。

1.2.3　神经网络的魅力

无论是机器学习还是深度学习，都离不开神经网络（Neural Network），它起源于人们对生物神经网络的认知。生物神经网络是由神经元、突触等组成的，大量的神经元通过无数的突触连接在一起构成一个大规模的神经网络，能处理人的思维和记忆。

人们通过模仿生物神经网络的工作原理构建人工神经网络，其中的神经元模型早期被称为感知机，所有的感知机连接起来形成网络。人工神经元的结构如图 1-20 所示。

图 1-20 中，$(x_1, x_2, \cdots, x_n)$ 是输入向量，$(w_1, w_2, \cdots, w_n)$ 是对应的权重向量，f 是激活函数，加权和为：

$$S = x_1 w_1 + x_2 w_2 + \cdots + x_n w_n$$

然后由线性或者非线性函数激活：

$$Y = f(S+b)$$

图 1-20　人工神经元的结构

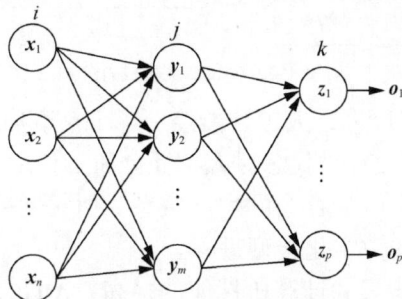

上式中 b 为偏置变量，Y 是输出向量。

把多个神经元组合成一层神经网络，并增加神经网络的层数，这样就构成了一个多层神经网络，如图 1-21 所示。其中，x_n 是输入层的第 n 个神经元，y_m 是隐藏层的第 m 个神经元，z_p 是输出层的第 p 个神经元，o_p 是神经网络的第 p 个输出分量。

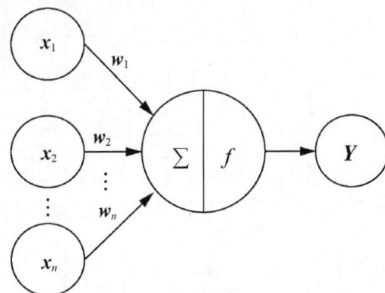

图 1-21　多层神经网络

理论已经证明，通过增加神经网络的层数和改变激活函数，并利用相应的学习算法不断迭代改变损失误差，就可以用多层神经网络来拟合任意函数，解决线性和非线性问题，也就是通过增加网络的深度和宽度来提高神经网络模型的健壮性和预测的准确性。因此，多层神经网络结构的出现及其相关算法的完善，为人工智能的普及和应用做出了突破性贡献。

1.3　AIGC

1.3.1　AIGC 的概念

生成式人工智能

AIGC 是指基于生成对抗网络、大型预训练模型等人工智能的技术方法，通过对已有数据的学习和识别，经历训练、微调、生成以及评估和调整等阶段，最后以适当的泛化能力生成相关内容的技术，其核心思想是利用人工智能算法生成具有一定创意和质量的内容。通过训练和学习，AIGC 可以根据输入的条件或指导生成与之相关的内容。例如，通过输入关键词、描述或样本，AIGC 可以生成与之相匹配的文章、图像、音频等多种形式的内容。从生成内容层面，AIGC 可分为图 1-22 所示的 5 个方面。

图 1-22　AIGC 的生成内容

自 1956 年达特茅斯会议以来，人工智能经历了 60 多年的风风雨雨，AIGC 的出现标志着人工智能从 1.0 时代迈进 2.0 时代。对人类社会而言，AIGC 可以看作一种基础的生产力工具，虽然会在一定程度上改变社会的生产关系，但长远来看会促使整个社会生产力产生质的突破，加快整个社会的数字化转型进程。

今后，随着数据的不断积累和计算机性能的提高，AIGC 的生成内容会呈现更多的形态，应用领域也会发生翻天覆地的变化。由此，AI 系统不仅可以为我们服务，而且可以用更安全、可控制、能解释的方式为我们带来卓越的类人体验。

1.3.2　AIGC 的特征及核心技术

现如今，以生成对抗网络（Generative Adversarial Network，GAN）、多模态语言图像预训练神经网络（Contrastive Language-Image Pre-training，CLIP）、自注意力机制深度学习模型 Transformer、深度学习生成模型扩散模型（Diffusion Model）为代表的预训练模型、多模态技术、生成算法等技术累积融合并不断创新，促使 AIGC 爆发式生长，使得 AIGC 具有更通用和更强的基础能力。

1. AIGC 的特征

从计算智能、感知智能再到认知智能，AIGC 已经为人类社会打开了认知智能的大门。通过大规模数据的学习训练，AI 具备了多个不同领域的知识，只需要对模型进行适当的调整修正，就能完成针对写作、绘画、编写程序和情境聊天等真实场景的生成任务。但是，无论 AIGC 如何发展，它都具有以下 5 个方面的基本特征。

（1）生成内容的创造性。一些 AIGC 工具可以替代人类完成一些创造性的工作，如编写儿童读物、完成学术论文、绘画和创作诗歌等。

（2）生成逻辑的流畅性。AIGC 使人机对话贴近人类对话，其上下文语境的会话能力可实现人机围绕主题持续探讨，如数字人、虚拟主持人、智能客服等。

（3）生成技能的多样性。AIGC 能生成多模态内容，如文本生成音频、文本生成图像和文本生成视频等，甚至可以完成多种形态内容的自主转换。

（4）生成思想的道德性。例如 ChatGPT 等聊天大模型能应对连续性追问、承认自己的错误、质疑不正确的前提和拒绝不适当的请求，体现出 AIGC 能恪守一定的道德规范。

（5）生成模型的巨大性。当模型参数超过特定临界值时，AIGC 会表现出惊人的独特创造能力。例如 Sora 的模型参数多达 30 亿个，复杂的模型可以支撑其深度模拟真实物理世界，生成具有多个角色、包含特定运动的复杂场景。

2．AIGC 的核心技术

AIGC 在生成对抗网络、变分自编码器、Transformer 模型等诸多技术的加持下，通过深入学习和理解大量的数据，使 AIGC 具备了生成各种类型内容的能力。同时，预训练模型和多模态技术的结合进一步推动了 AIGC 的发展，使其能够处理更加复杂和多样化的任务。AIGC 的主要核心技术如图 1-23 所示。

图 1-23　AIGC 的主要核心技术

由图 1-23 可知，AIGC 的核心技术主要由基础模型和预训练大模型两部分构成。其中基础模型包括变分自编码器、生成对抗网络、扩散模型、Transformer 和 Vision Transformer 等技术。

（1）变分自编码器（Variational Autoencoder，VAE）。VAE 是一种深度生成模型，与传统的自编码器通过数值方式描述潜在空间不同，它以概率方式对潜在空间进行观察，在数据生成方面应用价值较高。例如，在图像生成方面，VAE 可以用于生成各种风格的图像，包括根据文字描述生成图像等。在自然语言处理领域，VAE 可以用于完成文本生成和理解等任务。

（2）生成对抗网络。生成对抗网络使用零和博弈策略学习，广泛应用于图像生成。以生成对抗网络为基础产生了多种变体，如深度卷积生成对抗网络（Deep Convolutional Generative Adversarial Networks，DCGAN）、风格生成对抗网络（StytleGAN）、循环生成对抗网络（CycleGAN）等。

（3）扩散模型。扩散模型是里程碑式模型，受非平衡热力学的启发，通过定义扩散步骤的马尔科夫链向数据中逐渐添加噪声，然后学习逆扩散过程，从噪声中构建出所需的样本。扩散模型通过向图像添加噪声进行训练，让模型学习如何去除噪声。随后，该模型将此去噪过程应用于随机种子以生成逼真的图像。

（4）Transformer。Transformer 采用注意力（Attention）机制，能够根据输入数据的重要性为其分配不同的权重，其并行化处理的优势使其能够在更大的数据集训练，加速了 GPT 等预训练大模型的发展。采用 Transformer 作为基础模型，发展出了语言表示模型 BERT（Bidirectional Encoder Representations from Transformers）、对话语言模型 LaMDA（Language Model for Dialogue Applications）、多模态语言模型 PaLM（Pathways Language Model）以及 GPT 系列。从此，人工智能开始进入大模型参数的预训练模型时代。

（5）Vision Transformer（ViT）。ViT 将 Transformer 应用至图像分类任务，让 Transformer 在计算机视觉领域大放异彩。以 ViT 为基础衍生出了多种优秀模型，如转移窗口视觉模型 Swin Transformer、先进视觉模型 ViTAE Transformer 等。ViT 通过将人类先验知识引入网络结构设计，获得了更快的收敛速度、更低的计算代价、更多的特征尺度、更强的泛化能力，能够更好地学习和编码数据中蕴含的知识，成为计算机视觉领域的基础网络架构。以 ViT 为代表的视觉大模型赋予了 AI 感知、理解视觉数据的能力，助力 AIGC 快速发展。

虽然早期各种生成式大模型层出不穷，但是生成的内容偏简单且质量不高，远不能满足现实场景中灵活多变以及高质量内容生成的要求。预训练大模型的出现使 AIGC 发生了质变，以往的诸多问题得以解决，我们熟知的聊天对话模型 ChatGPT 就是由 GPT-3.5 大模型发展而来的。经典的预训练大模型主要有以下 3 种。

（1）计算机视觉预训练大模型。例如微软的视觉基础模型 Florence，它为不同的视觉任务提供了统一的、基于提示的表示方法，有效地解决了综合训练数据有限和缺乏统一架构的难题。它能够根据提示完成字幕、目标检测、分割、图文检索、图像分类、视觉问答以及动作识别等各种计算机视觉任务。

（2）自然语言处理预训练大模型。例如美国 OpenAI 公司的 ChatGPT，它引入了人类反馈强化学习（Reinforcement Learning from Human Feedback，RLHF）。ChatGPT 通过 RLHF 来学习什么是好的回答，而不是通过有监督的问题-答案式的训练直接给出结果。通过 RLHF，ChatGPT 能够模仿人类的思维方式，对问题的回答更"人性化"。

（3）多模态预训练大模型。例如 OpenAI 公司发布的跨模态预训练大模型 CLIP，该模型通过学习如何对文本和图像进行对比，从而实现跨模态的理解。这种对比学习的方法使得 CLIP 能够在没有任何监督标签的情况下学习到文本和图像之间的语义关系。简而言之，CLIP 将图像与图像的关联文本描述一起训练，从而达到能力目标：给定一句文本，匹配到与文本内容相符的图像；给定一张图像，匹配到与图像相符的文本。

项目——小试牛刀：
智能制作"人工
智能发展简史"
演示文稿

1.4 项目——小试牛刀：智能制作"人工智能发展简史"演示文稿

1.4.1 提出问题

随着生活、工作节奏的加快，为提升工作效率，将人们从传统、烦琐的工作内容中解放出来，迫切需要一种快捷、丰富、准确的自动生成演示文稿的方法来应对各个行业和场景的商业汇报、学术分享等需求，以解决编排演示文稿周期相对长、样式和美感难以把控等难题。在人工智能快速发展的今天，有没有一键智能生成的方式帮助人们解决上述难题呢？幸运的是，人工智能的融合和创新（特别是 AIGC 技术的发展）为智能制作演示文稿提供了无限可能。试想一下，如果在时间非常紧张的情况下，机器能够根据主题和版式要求瞬间生成一个内容契合、条理清楚、色彩丰富的演示文稿，这着实是一件令人愉悦的事情。

下面就利用讯飞开放平台智能制作演示文稿。

1.4.2 解决方案

要自动制作演示文稿，简便的方法是利用一些大模型如讯飞星火、百度文心一言、华为盘古等提供的一键生成演示文稿功能，根据输入的材料，帮助人们自动构建适配主题、样式精美和条理清晰的演示文稿。

解决方案流程如图 1-24 所示。

图 1-24 解决方案流程

1.4.3 预备知识

星火认知大模型是科大讯飞发布的大模型。该模型具有七大核心能力，即内容创作、语言理解、知识问答、逻辑推理、数学能力、代码能力和多模交互。该模型对标 ChatGPT，在教育、办公、汽车、金融、工业、医疗等行业得到应用和落地。星火认知大模型提供的主要服务如图 1-25 所示。

图 1-25 星火认知大模型提供的主要服务

进入讯飞开放平台，将鼠标指针指向"产品能力"标签就能看到星火认知大模型的产品能力，如图 1-26 所示。

图 1-26　星火认知大模型的产品能力

下面就利用星火认知大模型提供的"智能 PPT 生成"功能，按照主题提示自动生成一份演示文稿。

1.4.4　任务 1——拟定一个主题

【任务描述】确定一个能准确概括演示文稿内容的主题，建议从中心思想、目标、主要观点等方面综合研判演示文稿的主题。本任务要制作一个关于人工智能简要发展历史的演示文稿。

【任务目标】确定一个关于人工智能简要发展历史、有助于大模型理解的鲜明主题，以便生成一份高质量的演示文稿。

【完成步骤】

进入图 1-27 所示的讯飞智文操作界面，准备以"主题创建"的方式生成演示文稿。

图 1-27　讯飞智文操作界面

单击"开始创作"按钮，出现图 1-28 所示的操作窗口。

图 1-28　智能创建多种格式文档的操作窗口

在图 1-28 所示的操作窗口中单击"主题创建"图标，弹出输入主题的操作界面。因为要制作一个关于人工智能发展历程的演示文稿，所以结合任务描述和任务目标，确定主题为"人工智能发展简史"。将该主题输入文本框，如图 1-29 所示，以完成主题拟定任务。

图 1-29　输入演示文稿的主题

确定了演示文稿的主题，就可以接着完成以下任务。

1.4.5　任务 2——生成和保存演示文稿

【任务描述】让星火认知大模型按拟定好的主题自动生成演示文稿的大纲和内容，用户可以根据具体需求对大纲进行编辑和修改，并选择适配的模板进行配色，最终生成一份演示文稿。

【任务目标】自动生成一份与主题契合的演示文稿，并将演示文稿下载到本地以便随时使用和修改。

【完成步骤】

1．生成大纲

单击图 1-29 所示界面右边的生成按钮　，进入演示文稿的大纲编辑界面，如图 1-30 所示。

图 1-30　演示文稿的大纲编辑界面

　　如果对星火认知大模型智能生成的大纲不满意或有准备好的大纲，可以在此进行内容修改、调整次序、添加或删减章节等操作。当然也可以返回上一步，重新按主题生成大纲。

2．选择模板

　　单击图 1-30 所示界面中的"下一步"按钮，进入图 1-31 所示的模板配色界面。

图 1-31　模板配色界面

官方提供了 20 余种风格多样的模板，用户可以根据主题所属领域、行业特点、个人风格等选择一种官方模板。这里选择"清逸天蓝"模板，单击"下一步"按钮，进入演示文稿智能生成阶段。

3. 保存演示文稿

片刻一个科技蓝样式、目录清晰、图文并茂的演示文稿就生成了，如图 1-32 所示。

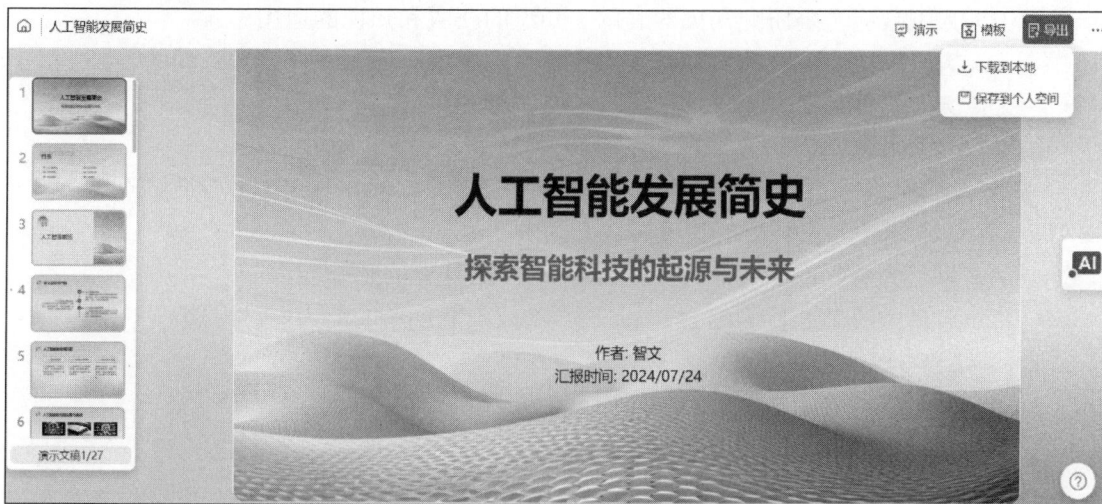

图 1-32　生成的演示文稿

用户可以在线进行演示，也可以重新选择其他模板以调整演示文稿的版式和风格。当然，用户也可以使用平台提供的导出功能将智能生成的演示文稿下载到本地，以便随时使用和进一步个性化精修。至此，利用星火认知大模型提供的 AIGC 能力，智能制作"人工智能发展简史"演示文稿的任务完成。细心的读者可能会产生一些疑问：演示文稿的内容是如何获取的？如何保证内容的逻辑性？哪些因素会影响最终的生成效果？请读者带着这些疑问自行开展针对性研讨。

模块小结

人工智能是研究如何通过机器来模拟人类认知能力的学科，最新的人工智能突出从数据中学习和在行动中学习。经过 60 多年的曲折发展和科学家的不懈努力，人工智能迎来了春天，在智能制造、安全驾驶、机器人和智能服务等方面成功实现应用。

人工智能这一新兴学科的科技浪潮正在深刻改变人们的生活和思维方式。尽管人工智能涉及的知识面广，但开源平台的推出和智能构件的高度封装已经大大降低了人们使用人工智能的门槛，使得人们能享受它带来的便利和它在其他行业的创新应用的成果。人工智能的发展展现了一个振奋人心的前景，那就是更美好生活的大门等待人们用人工智能的钥匙去开启。

课后习题

一、考考你

1. 下列关于人工智能的说法中，＿＿＿＿是错误的。

　　A. 人工智能是一门使机器做那些人需要通过智能来做的事情的科学

　　B. 人工智能主要研究知识的表示、知识的获取和知识的运用

　　C. 人工智能是研究机器如何像人一样合理思考、像人一样合理行动的学科

　　D. 人工智能是研究机器如何思考的一门学科

2. 20世纪80年代属于人工智能发展的＿＿＿＿期。

　　A. 萌芽　　　　　　B. 启动　　　　　　C. 突破　　　　　　D. 高速发展

3. ＿＿＿＿不属于人工智能的特点。

　　A. 基于大数据的学习能力　　　　　　B. 对外界的感知能力

　　C. 合理的决策和行为能力　　　　　　D. 不断创新的能力

4. 机器学习的主要特点是＿＿＿＿。

　　A. 通过各种算法从大数据中学习如何完成任务

　　B. 像人一样开展自主学习

　　C. 具有人类神经网络的功能

　　D. 能对真实世界中的事件做出决策和预测

5. 深度学习的"深度"是指＿＿＿＿。

　　A. 机器学习的能力比较强　　　　　　B. 构成神经网络的隐藏层比较多

　　C. 神经网络中的输出层比较多　　　　D. 构成神经网络的输入层比较多

6. 机器学习的英文缩写是＿＿＿＿。

　　A. ML　　　　　　B. MS　　　　　　C. EN　　　　　　D. NN

7. ＿＿＿＿不属于人工智能的三大核心要素。

　　A. 大数据　　　　B. 算法　　　　　　C. 算力　　　　　　D. 框架

8. ＿＿＿＿不属于我国自主研发的人工智能计算框架。

　　A. PaddlePaddle　　B. MindSpore　　C. Brain++　　　　D. TensorFlow

9. ＿＿＿＿不属于人工智能的应用场景。

　　A. 自动驾驶　　　　B. 线上商品推荐　C. 语音识别　　　　D. 精细加工

10. 以人工智能、机器人等主要技术带来的科技革命被称为第＿＿＿＿次工业革命。

　　A. 二　　　　　　B. 三　　　　　　C. 四　　　　　　D. 五

二、亮一亮

用图1-33所示的文心大模型产品"文心一格"制作一幅关于大学新生报到的创意画。

创意关键词有：

（1）一群男女大学生；

（2）入校报到引导牌；

（3）校园新生活的期盼和担当。

图 1-33 AI 作画产品文心一格

三、帮帮我

上网或到图书馆查阅相关资料，围绕"人工智能在你学习的专业中已有哪些应用？""你最想利用人工智能来解决什么问题？""你打算如何将人工智能与专业学习相结合？"等主题展开讨论以进一步明晰思路，最终撰写 Word 文档形式的阐述报告。

模块 ❷ Python：人工智能开发语言

通过前面的内容可以知道，人工智能已经成为国家战略和全世界科技竞争的主要阵地。为全面贯彻落实党的二十大精神和习近平总书记提出的新质生产力发展理念，以科技创新引领现代化产业体系建设，不同层次、不同专业的学生都需要具备人工智能开发的基本思维、能力并掌握相关方法，这就要求学生掌握一种高效、简洁、易用的计算机语言来开发应用程序和设计人工智能产品，让人工智能"落地生花"。Python 无疑是较好的选择，因为无论是谷歌公司的 TensorFlow 机器学习库，还是百度公司研发的 PaddlePaddle 人工智能学习平台等主流人工智能框架，都支持 Python 开发。下面就开启学习之旅，去感受当下学习Python 的流行语：人生苦短，我用 Python。

本模块内容导读如图 2-1 所示。

图 2-1 模块 2 内容导读

2.1 初识 Python

2.1.1 Python 简介

Python 由荷兰人吉多·范罗苏姆（Guido van Rossum）于 1989 年设计，后一直由开源核心团队开发和维护，截至 2024 年 8 月的版本是 Python 3.12.5。它是一种高层次的，结合了解释性、编译性、互动性的面向对象的脚本语言。用 Python 设计的程序具有很强的可读性，相对于其他计算机语言，Python 具有更有特色的语法结构。例如，它是解释型语言，可以通过交互模式直接执行代码，同时支持面向对象的编程技术，特别适合初学者学习使用。它支持开发各类应用程序，如简单的文字处理应用程序、浏览器、游戏等。

随着人工智能的兴起，Python 在人工智能领域大显身手，这主要得益于它的简单易用、简洁优美、开发效率高等特点。由于 Python 开源，因此 Python 程序被移植在许多平台上，无须修改就可以运行。特别是 Python 强大的人工智能专用第三方库，用少量的代码就能实现复杂的数据挖掘和分析功能，因此 Python 稳坐人工智能语言的"头把交椅"。

自 2017 年首次登顶后，Python 蝉联 5 届"最受欢迎的编程语言评选"冠军。Python 受欢迎的原因是，它拥有大量可用的专用第三方库，特别是在人工智能领域。例如 Keras 库，它是深度学习开发人员使用的重量级工具，提供了 TensorFlow 的接口、计算网络工具包（Computational Network ToolKit，CNTK）和 Theano 深度学习框架及工具包。深度学习并不是 Python 自发布以来的唯一应用领域，随着微控制器计算能力的急剧提升，嵌入式版本的 Python（如 CircuitPython 和 MicroPython）在控制器领域越来越受欢迎。因此，对新手来说，如果想学一种简单、灵活的技术和一门人工智能编程语言，搭上人工智能发展的快车，Python 就是极佳的选择。

2.1.2　Python 的特点及应用领域

Python 目前在各个领域得到了广泛的应用，其特点及应用领域如下。

1. Python 的特点

Python 是目前流行且发展非常迅猛的编程语言，人工智能市场的火热使得该语言如日中天。这得益于该语言具有的以下鲜明特点。

（1）易入门。Python 是非常容易入门的语言，其代码非常接近人使用的自然语言，让人在理解上没有太多障碍，符合人的认知规律。用户在编写程序的过程中不必考虑过多的计算机语言细节，有更多的时间用于解决问题。

（2）开源。全世界有许多优秀的程序员和科研团队加入 Python 开发，持续推动 Python 的二次开发和功能扩展。另外，由于其开源，普通用户不必付费使用 Python，大大降低了学习门槛和成本。

（3）跨平台。由于 Python 开源，它已移植到多个操作系统或平台，包括 Linux、Windows、OS/2、Solaris、Android、iOS 等，Python 程序无须修改代码或只需修改少量与系统相关的代码就可以在上述操作系统或平台上无阻运行。

（4）是胶水语言。Python 既支持面向过程开发，也支持面向对象开发，并且可以和其他任何语言结合使用，像胶水一样将各种语言模块黏合起来，构建符合开发要求的应用程序，为各种应用程序的开发提供便利。

（5）有丰富的第三方库。Python 标准库很庞大，可以帮助人们处理各种事务，支持正则表达式、文档生成、单元测试、线程、数据库、网页浏览器、公共网关接口（Common Gateway Interface，CGI）、文件传送协议（File Transfer Protocol，FTP）、电子邮件、可扩展标记语言（Extensible Markup Language，XML）、XML 远程过程调用（XML Remote Procedure Call，XML-RPC）、超文本标记语言（HyperText Markup Language，HTML）、WAV 文件格式（Waveform Audio File Format，WAV）、密码系统、图形用户界面（Graphical User Interface，GUI）、Tk（Tkinter）和其他与系统有关的操作。只要安装了 Python，所有上述功能都是可用的。除了功能齐全的标准库，Python 还有许多其他高质量的第三方库，如 wxPython、Twisted 和 Python 图像库等，使用这些第三方库不仅能提高开发效率，还能保证应用程序的健壮性。

2．Python 的应用领域

Python 广泛应用于数据挖掘、机器学习、神经网络、深度学习等人工智能领域，是这些领域的主流语言，相关的第三方库有 NumPy 库、SciPy 库、Matplotlib 库、Keras 库、MXNet库等。人工智能和大数据应用程序的普及使得 Python 在科学计算、智能挖掘、图像绘制方面大展身手，得到了广泛应用。

（1）云计算。Python 是云计算方面应用最广的语言之一，如 OpenStack、百度智能云上的云计算框架就是由 Python 开发的。Python 是从事云计算工作的人员需要掌握的一门编程语言，如果想要深入学习并二次开发云计算应用，就需要具备 Python 的相关知识和技能。

（2）系统运维。Python 是运维人员必须掌握的语言。例如运维人员利用其标准库中的软件包 pywin32 就能够轻松访问 Windows 应用程序接口。又如，利用 Python 编写的管理脚本能更轻松地管理 Linux，在可读性、代码重用方面比普通的 Shell 脚本更有优势。

（3）Web 应用程序开发。利用 Python 的 Internet 模块和第三方框架 Django、web2py和 Zope 等可以快捷开发 Web 应用程序。例如豆瓣等知名网站都是使用 Python 开发的，可见 Python 不同凡响。

"工欲善其事，必先利其器"，下面就为掌握 Python 这个利器做好准备工作。

2.2 Python 开发环境搭建

2.2.1 安装 Python

Python 开发环境
搭建

要利用 Python 进行应用开发，首先要根据操作系统搭建相应的开发环境，然后才能进行应用开发。整个开发环境的搭建主要分为下载 Python 安装文件和安装 Python 两个步骤。

1．下载 Python 安装文件

Python 可以移植到许多操作系统中，如 Windows、Linux、macOS 等。进入 Python 官网下载页面，如图 2-2 所示，下载所需的安装文件。

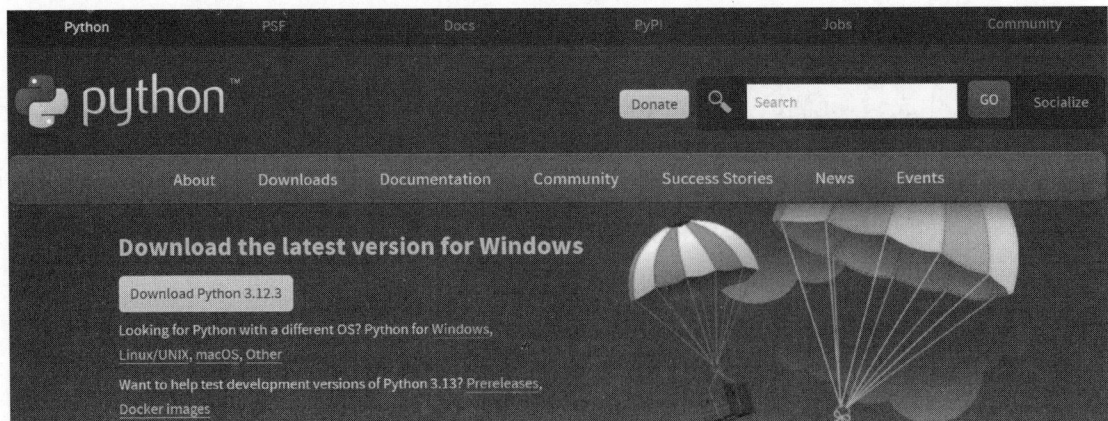

图 2-2　Python 官网下载页面

根据操作系统的类型下载最新的安装文件进行安装。不同的操作系统有不同的安装方法，下面以 Windows 为例简单说明 Python 安装文件的下载和安装步骤。

打开浏览器访问 Windows 版 Python 的安装文件下载页面，如图 2-3 所示。

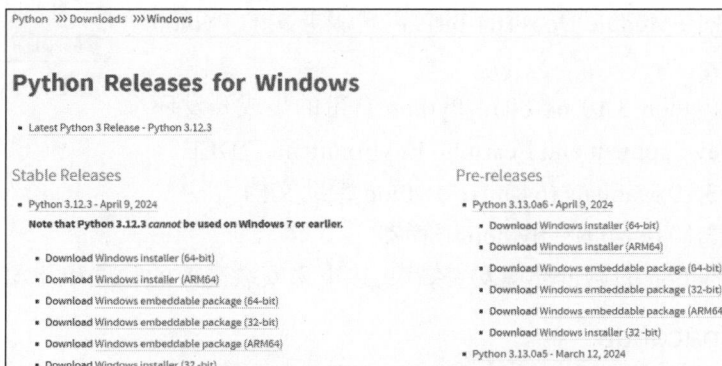

图 2-3　Windows 版 Python 的安装文件下载页面

可以下载不同版本的 Python 和不同安装类型的安装文件，此处选择下载安全版 Python 3.10.11 的可执行安装文件，如图 2-4 所示。

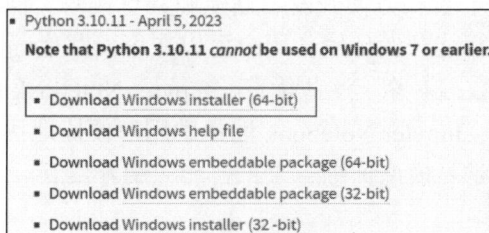

图 2-4　选择可执行安装文件

保存下载的安装文件，以备下一步安装。

2．安装 Python

下载完安装文件后双击，进入 Python 安装向导。安装非常简单，只需要按提示进行操作，直到安装完成。在图 2-5 所示的安装设置界面中，勾选 "Add python .exe to PATH" 选项，将 Python 的可执行文件路径添加到环境变量 PATH，以便启用各种 Python 开发工具。

然后单击 "Install Now"，进入下一步，安装成功提示界面如图 2-6 所示。

图 2-5　安装设置界面

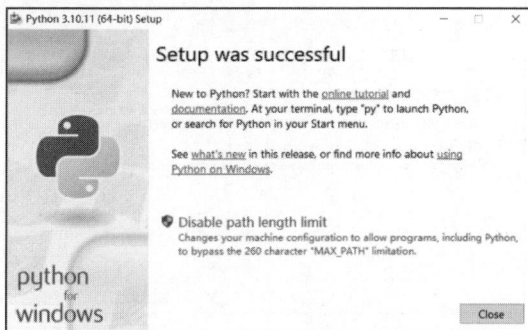

图 2-6　Python 安装成功提示界面

Python 安装完成后，在 Windows 的"开始"菜单中就能看到图 2-7 所示的 4 项快捷菜单命令。

图 2-7 中 4 项命令的含义如下。

（1）Python 3.10 Module Docs (64-bit)：内置服务式的 Python 模块帮助文档。

（2）IDLE (Python 3.10 64-bit)：Python 自带的集成开发环境（Integrated Development and Learning Environment，IDLE）。

（3）Python 3.10 Manuals (64-bit)：Python 帮助文档。

（4）Python 3.10 (64-bit)：Python 解释器。

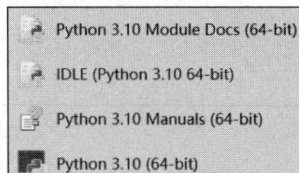

图 2-7　Python 快捷菜单命令

至此，整个 Python 的运行环境安装结束。接下来安装高效的管理和开发工具 Anaconda。

2.2.2　安装 Anaconda

Anaconda 是一个可以便捷安装开发包并且能够对包进行统一管理的工具，它包含 conda、NumPy、SciPy、pandas、Jupyter Notebook 在内的 180 多个科学包及其依赖项，免去了一个个安装科学包的麻烦，降低了学习者的门槛。Anaconda 中的 Jupyter Notebook 是一个开源的 Web 应用程序，旨在方便开发者创建和共享代码文档。它提供了交互式工作方式，是本教材采用的人工智能开发环境。用户可以在里面写代码、单独运行指定代码、查看结果，并在其中可视化数据。鉴于这些优点，Jupyter Notebook 成了备受数据科学家和人工智能爱好者青睐的工具。Jupyter Notebook 能帮助用户便捷地执行各种端到端任务，如数据清洗、统计建模、机器学习模型训练、人工智能应用开发等。

1. 安装 Anaconda

进入 Anaconda 官网或清华镜像源，根据事先安装好的 Python 版本，下载相应版本的 Anaconda，例如，与 Python 3.10 适配的 Anaconda 版本之一为 Anaconda3-2023.03-1-Windows-x86_64。下载该安装文件后双击，进入图 2-8 所示的安装界面，勾选"Add Anaconda3 to my PATH environment variable"和"Register Anaconda3 as my default Python 3.10"两个选项，然后单击"Install"按钮进行安装，直至出现图 2-9 所示界面，此时 Anaconda 安装完成。

图 2-8　勾选安装选项

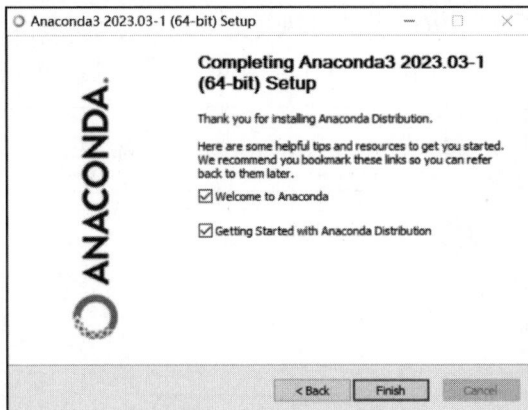

图 2-9　Anaconda 安装完成

2. 启动 Jupyter Notebook

Anaconda 安装完成后，就可以启动 Jupyter Notebook 并用它来编写和运行代码。只需在图 2-10 所示的"开始"菜单中单击"Jupyter Notebook"或在"Anaconda Prompt"控制台窗口中输入命令（后文中除特别说明外，控制台窗口均指 Anaconda Prompt）"jupyter notebook"，均可启动 Jupyter Notebook，如图 2-11 所示。

图 2-10　Anaconda 的快捷菜单

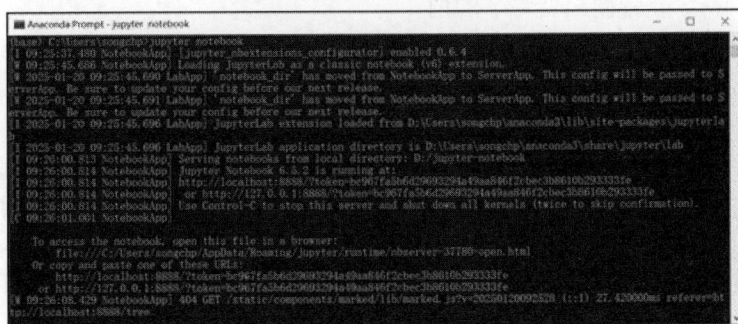

图 2-11　启动 Jupyter Notebook

注意，Jupyter Notebook 在图 2-11 所示的命令提示符窗口运行的情况下，才能打开浏览器并进行交互式操作。Jupyter Notebook 启动后会自动打开默认浏览器并进入 Jupyter Notebook 主页，其网址为 http://localhost:8888/tree。如果浏览器因为某些原因无法打开，就需要手动打开浏览器并将这个网址复制到浏览器地址栏中，进入相应网页。Jupyter Notebook 主页如图 2-12 所示。

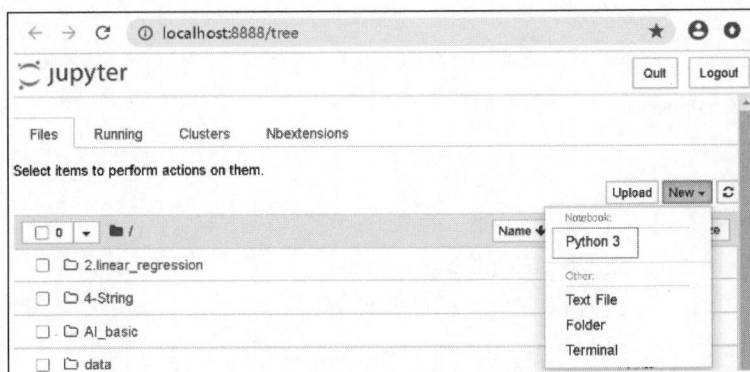

图 2-12　Jupyter Notebook 主页

33

单击“New”按钮，在出现的下拉列表中选择需要创建的文件类型（包括“Text File”纯文本类型、“Folder”文件夹和“Python 3”运行脚本 3 种）和虚拟终端。至此，整个开发环境搭建完毕，用户可以利用 Jupyter Notebook 这个工具披荆斩棘，开启人工智能学习之旅。

2.2.3　浅尝 Python

可以利用 Jupyter Notebook 这个集成开发环境小试牛刀，体验 Python 的开发魅力。由于 Python 是一种脚本语言，因此首先在 Jupyter Notebook 中编写 Python 脚本源程序，然后调用 Python 解释器解释、执行源程序，最后得到执行结果。下面以计算三角形的面积为例，具体介绍在 Jupyter Notebook 环境下如何编写和运行 Python 源程序。

【引例 2-1】用 Jupyter Notebook 编写一个 Python 源程序，计算三角形的面积。

（1）引例描述

输入三角形 3 条边的长度，用海伦公式计算由这 3 条边构成的三角形的面积。

（2）引例分析

首先用 3 个变量保存三角形 3 条边的长度，然后按下列公式计算出三角形的面积，将其保存到变量 s 中，最后输出变量 s 的值。

$$s=\sqrt{e(e-a)(e-b)(e-c)}，其中 e=\frac{a+b+c}{2}$$

（3）引例实现

① 新建一个脚本源程序。在 Jupyter Notebook 主页新建一个文件夹 chapter2，然后打开该文件夹，在其中新建一个名为 case2-1 的 Python 3 脚本源程序，如图 2-13 所示。

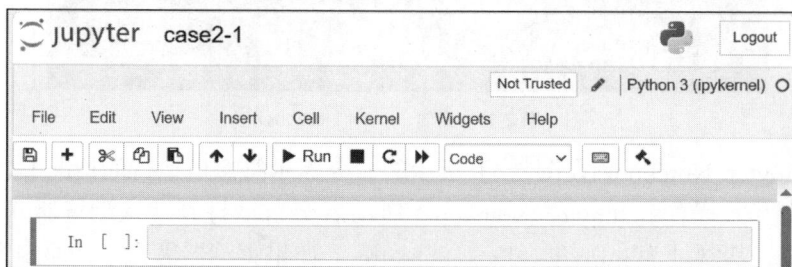

图 2-13　新建名为 case2-1 的脚本源程序

② 编写源代码。在图 2-13 所示的单元中输入如下源代码。

```
1   #case2-1
2   '''
3   计算三角形的面积
4   '''
5   import math
6   a = eval(input("输入三角形 a 边长:"))
7   b = eval(input("输入三角形 b 边长:"))
8   c = eval(input("输入三角形 c 边长:"))
9   if a+b <= c or a+c <= b or b+c <= a:
10      print("3 条边不构成三角形")
```

```
11  else:
12      e = (a+b+c)/2
13      s = math.sqrt(e*(e-a)*(e-b)*(e-c))
14      print('该三角形的面积 S = {:.2f}'.format(s))
```

代码行 1 中的 "#" 为单行注释符；代码行 2～4 中的三引号 """ 及文字表示多行注释；代码行 5 表示导入 math 模块，以便后面调用 sqrt 方法来计算平方根；eval 方法是类型转换方法，用于将字符串转换成数值类型；if…else 是分支语句，用于判断 a、b、c 这 3 个变量的值是否构成三角形，如果构成三角形，则在代码行 13 计算其面积 s；最后调用 print 方法按字符串格式输出计算结果，print 方法中的 {:.2f} 是格式占位符，表示按保留 2 位小数的浮点数格式输出面积 s。

③ 运行源程序。按 Ctrl+Enter 组合键，或单击上方的"运行"按钮来运行该源程序。按提示输入 3 条边的长度，运行结果如图 2-14 所示。

图 2-14　运行结果

由上述源程序可以看出，Python 上手快，学习起来比较容易。在 Jupyter Notebook 环境下编写源程序时，用户能充分利用该环境提供的代码提示、关键词彩色标识、快捷键和程序调试等提高编程效率。其中 Jupyter Notebook（本书选用 Jupyter Notebook 6.5.2 版本）命令模式（命令模式下单元框线是蓝色的，按 Esc 键可在命令模式和编辑模式之间切换）和编辑模式（编辑模式下单元框线是绿色的）下常用的快捷键及其功能分别如表 2-1 和表 2-2 所示。

表 2-1　Jupyter Notebook 命令模式下常用的快捷键及其功能

快捷键	功能
A	在上方插入新的单元
B	在下方插入新的单元
D（按两次）	删除选中单元
Z	恢复已删除的单元
Shift+↑ 或者 ↓	选中多个单元
Shift+M	合并选中单元

表 2-2　Jupyter Notebook 编辑模式下常用的快捷键及其功能

快捷键	功能
Ctrl+Home	跳到单元的开始位置
Ctrl+S	文件存盘
Ctrl+Enter	运行本单元
Shift+Enter	运行本单元，并在下方插入一个新的单元

2.3 Python 编程基础

掌握 Python 的基本语法格式和程序结构是编写源代码的基本要求。下面就从变量、分支结构、循环结构和组合数据类型 4 个方面介绍 Python 的编程基础。

2.3.1　变量

变量是编程的起点，程序需要将数据存储到变量中。变量是计算机内存中存储位置的表示，也叫内存变量。变量用标识符来命名，也就是每个变量都有自己的名字，但变量名不能与 Python 保留的关键字（Python 中有特殊用途的某些单词）冲突。在 Jupyter Notebook（后文所有的运行环境没有特别说明时均指 Jupyter Notebook）中按图 2-15 所示运行相应代码，可显示 Python 保留的关键字。

图 2-15　Python 保留的关键字

变量在命名时遵循以下规则。

（1）变量所使用的标识符可以由字母、数字和下画线"_"组成，但不能以数字开头。

（2）标识符严格区分大小写，没有长度限制。

（3）变量名要符合"见名知意"的原则，以提高代码的可读性。

变量在 Python 内部是有类型的，如 int、float、str 等，但是在编程时无须关注变量类型，所有的变量都无须提前声明类型，赋值使用即可。另外，可以将不同类型的数据赋给同一个变量，所以变量的类型是可以随时改变的，可以用 type 函数查看变量的类型。

2.3.2　分支结构

程序是由若干语句构成的，其目的是实现一定的计算或处理功能。程序在执行过程中会按照顺序从开始位置依次执行，但碰到条件控制语句时，会选择不同的分支结构执行。分支结构的执行流程如图 2-16 所示。

图 2-16　分支结构的执行流程

如果条件为 True，则执行条件语句块；否则，绕过条件语句块执行其他语句。

在 Python 中，使用以下语法来表示分支结构。

```
if condition_1:
    statement_block_1
elif condition_2:
    statement_block_2
else:
    statement_block_3
```

注意事项如下。

（1）每个条件后面都要添加英文冒号 "："，表示接下来是满足条件后要执行的条件语句块。

（2）使用缩进来划分条件语句块，相同缩进的语句组成条件语句块。

（3）elif 分支可以有多条。如果只有 if 语句，则称其为单分支结构；其他情况下称其为多分支结构。

【引例 2-2】判断狗相当于人类的年龄。

（1）引例描述

输入狗的实际年龄，按下列公式计算狗相当于人类的年龄。

$$y = \begin{cases} 14 & (x = 1) \\ 22 + 5(x-2) & (x \geq 2) \end{cases}$$

上式中 x 表示狗的实际年龄，y 表示狗相当于人类的年龄。

（2）引例分析

使用 3 个分支表示狗的实际年龄的 3 种情况：狗的实际年龄小于等于 0、狗的实际年龄等于 1、狗的实际年龄大于 1。然后根据上述公式计算狗相当于人类的年龄。

（3）引例实现

实现的代码如下。

```
1   age = int(input("请输入你家狗狗的年龄: "))
2   if age <= 0:
3       print("你是在逗我吧!")
```

```
4   elif age == 1:
5       print("相当于 14 岁的人。")
6   else:
7       human = 22 + (age -2)*5
8       print("相当于人类的年龄: ", human)
```

执行上述代码，输入狗的实际年龄，运行结果如图 2-17所示。

```
age = int(input("请输入你家狗狗的年龄: "))
if age <= 0:
    print("你是在逗我吧!")
elif age == 1:
    print("相当于 14 岁的人。")
else:
    human = 22 + (age -2)*5
    print("相当于人类的年龄: ", human)
```

请输入你家狗狗的年龄: 5
相当于人类的年龄: 37

图 2-17　运行结果

可以尝试输入不同的狗的实际年龄，得到其相当于人类的年龄，从而验证不同分支是否都可以执行。如果想多次计算不同的狗的实际年龄相当于人类的年龄，那又该如何实现呢？这时要用到下面的循环结构。

2.3.3　循环结构

循环结构是程序中一种常见的结构，它是指在一定条件下反复执行某段程序代码的控制结构。反复执行的程序代码称为循环体。Python 的循环结构包括 while 循环和 for 循环两种类型。

1. while 循环

while 循环的执行流程如图 2-18 所示。

图 2-18　while 循环的执行流程

由此可见，while 循环先判断循环条件是否成立。如果循环条件为 True，则执行循环体，循环体执行完毕后再转向循环条件，计算并判断是否继续循环；如果循环条件为 False，则跳出 while 循环，执行后续语句。

while 循环的一般语法格式如下。

```
while 循环条件:
    循环体
```

【引例 2-3】反复计算狗相当于人类的年龄。

（1）引例描述

反复计算不同的狗的年龄相当于人类的年龄，直到用户按 Q 键退出。

（2）引例分析

在【引例 2-2】的基础上，将相应代码作为循环体来使用，如果用户输入数字，则计算狗相当于人类的年龄；如果用户按 Q 键，则退出程序；如果出现其他情况则提示用户"请输入数字，按 Q 键退出！"。

（3）引例实现

实现的代码如下。

```
1   while True:
2       age = input("请输入你家狗狗的年龄: ")
3       if age.isdecimal():
4           age = int(age)
5           if age <= 0:
6               print("你是在逗我吧!")
7           elif age == 1:
8               print("相当于 14 岁的人。")
9           else:
10              human = 22 + (age -2)*5
11              print("相当于人类的年龄: ", human)
12      elif age.upper()=='Q':
13          print('计算结束! ')
14          break
15      else:
16          print('请输入数字，按 Q 键退出! ')
```

代码行 1 表示循环条件为 True，余下缩进的代码均为循环体。代码行 3 判断输入的年龄是否为数字，如果是数字，则按公式计算狗相当于人类的年龄；如果不是数字，则执行代码行 12 的分支语句，进一步判断用户是否按 Q 键，如果是就输出"计算结束!"，并通过 break 语句终止循环，否则提示用户"请输入数字，按 Q 键退出!"，进入下一次循环。

2. for 循环

for 循环是 Python 中更常用的一种循环。因为在人工智能的数据处理方面，数据通常以序列、数组或矩阵的形式存放，其本身的结构、大小是有规律的，所以往往采用 for 循环来遍历数据集合中的元素。for 循环的执行流程如图 2-19 所示。

图 2-19　for 循环的执行流程

for 循环的语法格式如下。

```
for 变量 in 序列:
    循环体
```

【引例 2-4】计算 1+2+3+⋯+100 的值。

（1）引例描述

从 1 开始累加，计算 1～100 所有整数之和。

（2）引例分析

首先要生成一个 1,2,⋯,100 的整数序列，然后通过 for 循环依次取出序列中的每一个元素，将它们累加起来，最后输出累加结果。

（3）引例实现

实现的代码如下。

```
1    sum = 0
2    for i in range(101):
3        sum += i
4    print('1~100 的累加和=',sum)
```

代码的执行结果如图 2-20 所示。

可见 for 循环提供了一种简便的提取序列元素的方法。在遍历元素的过程中，不需要考虑循环条件，甚至不需要理解元素是如何取出的，当所有元素都遍历后，循环自动结束，所以相对于 while 循环，for 循环更简单、有效。代码行 2 中的 range 函数是 Python 的一个内置函数，用于创建一个整数列表，其参数为 n，表示列表的元素默认从 0 开始，到 $n-1$ 结束。

```
sum=0
for i in range(101):
    sum+=i
print('1~100的累加和=',sum)

1~100的累加和= 5050
```

图 2-20　代码的执行结果

2.3.4　组合数据类型

Python 除了具有整数、浮点数等基本的数据类型，还提供了列表、元组、字典和集合等组合数据类型。组合数据类型能将不同的数据组合起来，实现更复杂的数据表示和数据功能。下面介绍常用的 3 种组合数据类型：列表、元组和字典。

1. 列表

列表用方括号"[]"表示，里面的各元素用逗号分隔，可以是不同的数据类型。要创建一个列表，只需把用逗号分隔的所有元素用方括号括起来，如下所示。

```
list1 = ['百度', 'Nanjing', 1997, 20.57]
```

可以对列表的元素进行更新，也可以用 append 方法添加元素，如下所示。

```
print ("第 3 个元素为: ", list1[2])
list1[1] = '南京'     #更新第 2 个元素
list1.append('中国')       #增加一个新的元素
```

操作后的列表 list1 的内容如图 2-21 所示。

['百度', '南京', 1997, 20.57, '中国']

图 2-21　列表 list1 的内容

2. 元组

Python 的元组与列表类似，不同之处在于元组的元素不能修改，可以把它看作特殊的列表。元组用圆括号"()"表示。创建元组很简单，只需要在圆括号中添加元素，并使用逗号分隔。创建元组的代码如下所示。

```
tup1 = ('百度', 'Nanjing', 1997, 20.57)
```

虽然元组中的元素是不允许修改的，但可以对元组进行连接组合，代码如下所示。

```
tup2 = ('华为', '5G 技术')
tup = tup1 + tup2
```

连接组合后 tup 的内容如图 2-22 所示。

('百度', 'Nanjing', 1997, 20.57, '华为', '5G技术')

图 2-22　连接组合后 tup 的内容

无论是列表还是元组，都可以看作保存混合数据的容器。例如，可以利用下面的形式保存学生的一系列成绩数据。

```
records = [['张海',68,89,91],['李慧',67,80,88],['王霞',78,89,82]]
```

每一条学生成绩数据可以用一个列表来表示，也就是列表的元素可以是列表，同样，列表的元素也可以是元组。用列表形式保存学生成绩数据，如图 2-23 所示。

[('张海', 68, 89, 91), ('李慧', 67, 80, 88), ('王霞', 78, 89, 82)]

图 2-23　用列表形式保存学生成绩数据

可见，上述形式的列表可以保存样本集数据，列表的一个元素就是一个样本的特征集，这就是序列类型变量在人工智能数据处理领域频繁出现的原因。

3. 字典

字典是另一种可变容器模型，可存储任意类型的对象，它可以看作由键值对构成的列表。字典的每个键与值用冒号 "："分隔，每个键值对之间用逗号分隔，整个字典包含在花括号 "{}"中，一个简单的字典实例如下所示。

```
dict = {'张海':['男',18,'南京'],'李慧':[ '女',21,'武汉'],'王霞':[ '女',19,'苏州']}
```

该字典用姓名作为键，但要保证姓名是唯一的，如果姓名不唯一，可以使用学生的学号作为键，总之要保证字典里的键是唯一的。

在搜索字典时，首先查找键，键找到后就可以直接获取该键对应的值，这是一种高效、实用的查找方法。例如，要找字典 dict 中李慧的个人信息，代码及执行结果如图 2-24 所示。

更新字典值和添加键值对可以通过如下形式的代码来完成。

```
dict['张海'] = ['男',20,'上海']  # 更新字典值
dict['方佳'] = ['女',18,'广州']  # 添加键值对
```

更新后字典 dict 的内容如图 2-25 所示。

图 2-24　代码及执行结果

图 2-25　更新后字典 dict 的内容

字典在使用过程中要注意以下几点。

（1）字典中同一个键不能出现两次。创建字典时，如果同一个键被赋值两次，只保留后一个值。

（2）字典的键必须不可变。键可以是数字、字符串或元组，但不能是列表。

2.4　NumPy 库基础应用

NumPy 库基础应用

人工智能的应用离不开大量数值计算。NumPy 库是 Python 的一个扩展库，支持大量的维度数组与矩阵运算，还针对数组运算提供大量的数学函数，与 pandas 库、Matplotlib 库并称数据分析 "三剑客"。这些扩展库的存在和发展不断推动着人工智能应用的持续开发和进步。

2.4.1　求解三元一次方程

Python 作为机器学习和深度学习的主流编程语言，为人工智能的具体应用提供了丰富的库函数，也就是对许多第三方库提供支持。NumPy 是专用于科学计算和数据分析的基础库，其中包含大量的工具，可以实现矩阵运算、求特征值、解线性方程、向量乘积和归一化计算等功能，这些功能为图像分类、数据聚类等人工智能基础应用提供了计算基础。

NumPy 库不是 Python 内置的第三方库，但 Anaconda 中已包含该基础库。进入控制台窗口，使用 Python 自带的用于安装第三方库的 pip3 工具查看 NumPy 库，命令如下。

```
pip3 show numpy
```

该命令会列出当前系统中已经安装的 NumPy 库的名称、版本、功能概要等信息，执行结果如图 2-26 所示。

如果结果列表中没有显示 NumPy 库的信息，说明它还没有安装或已被卸载，需要执行以下命令。

```
pip3 install numpy
```

执行上述命令后，系统就会从网络上自动下载相关文件并安装 NumPy 库。

图 2-26　用 pip3 show 命令查看 NumPy 库的结果

确认 NumPy 库安装完成后，就可以领略 NumPy 库的风采了。

【引例 2-5】利用 NumPy 库求解下列三元一次方程组。

（1）引例描述

求解下列三元一次方程组。

$$\begin{cases} x + 2y + z = 7 \\ 2x - y + 3z = 7 \\ 3x + y + 2z = 18 \end{cases}$$

（2）引例分析

首先按 x、y、z 的次序将各未知变量的系数排成一个 3×3 的矩阵，同时将方程中对应的常数项也排成一个 1×3 的矩阵，如图 2-27 所示。

然后利用 NumPy 库中的 linalg 模块求解该三元一次方程组。

```
[[ 1  2  1]
 [ 2 -1  3]——系数矩阵
 [ 3  1  2]]

[ 7  7 18]—— 常数矩阵
```

图 2-27　矩阵样式

（3）引例实现

实现的代码如下。

```
1    import numpy as np
2    A = np.mat([[1,2,1],[2,-1,3],[3,1,2]])
3    b = np.array([7,7,18])
4    x = np.linalg.solve(A,b)
5    print(x)
```

代码行 1 中的 np 是导入的 NumPy 库的别名，代码行 2 利用 NumPy 库中的 mat 函数生

成一个二维矩阵 **A**，代码行 3 利用 array 函数生成一个一维数组 **b**，代码行 4 调用 linalg 模块中的 solve 函数求解三元一次方程组。

执行上述代码，求解结果如图 2-28 所示。

可以将 x=7、y=1、z=−2 代回原方程组，或执行以下命令，验证结果是否正确。

```
np.dot(A,x)
```

执行结果如图 2-29 所示。观察该执行结果是否与常数项数组 **b** 一致，一致则说明结果正确。

```
[ 7.   1.  -2.]
```

图 2-28　三元一次方程组求解结果

```
np.dot(A, x)
matrix([[ 7.,   7.,  18.]])
```

图 2-29　矩阵乘积运算结果

2.4.2　数组计算

数组是 NumPy 库中最基础的数据结构，N 维数组对象是 ndarray，它是一系列同类型元素的集合，以 0 开始表示集合中元素的索引。ndarray 是用于存放同类型元素的多维数组，类似于一个用来存放元素的多行多列表格。数组在人工智能的数据处理领域得到了广泛的应用。例如，在深度学习中，神经元之间的连接关系往往采用数组形式的参数来表示，对大数据进行统计分析时，也常常利用数组特性进行排序、去重和统计计算等。使用 NumPy 库提供的数组操作比使用常规的 Python 数组操作效率更高，代码更简洁。

【引例 2-6】统计鸢尾花花萼长度的最大值、最小值、平均值、标准差、方差等。

（1）引例描述

利用机器学习中常用的鸢尾花数据集 iris 来统计花萼长度的最大值、最小值、平均值、标准差和方差。

（2）引例分析

首先利用 NumPy 库从数据集文件 iris.csv 中读取数据，并提取其中的花萼长度数据，然后对花萼长度数据进行统计计算。

（3）引例实现

实现的代码如下。

```
1   import numpy as np
2   iris_data = np.loadtxt("./data/iris.csv",delimiter =",",skiprows = 1)
3   print(type(iris_data))
4   print(iris_data.shape)
5   print('花萼长度的最大值:',np.max(iris_data[:,1]))
6   print('花萼长度的最小值:',np.min(iris_data[:,1]))
7   print('花萼长度的平均值:',np.mean(iris_data[:,1]))
8   print('花萼长度的标准差:',np.std(iris_data[:,1]))
9   print('花萼长度的方差:',np.var(iris_data[:,1]))
```

代码行 2 中的 loadtxt 函数用于加载文件，文件中的数据项用逗号分隔，参数 skiprows=1

表示跳过第一行数据。代码行 3 中的 type 函数用于检查数据对象的类型。代码行 4 中的 shape 函数返回数据对象 iris_data 的大小，后面的代码依次调用 np 的相关函数统计花萼长度的特征数据。

执行上述代码，结果如图 2-30 所示。

```
<class 'numpy.ndarray'>
(150, 5)
花萼长度的最大值: 4.4
花萼长度的最小值: 2.0
花萼长度的平均值: 3.0573333333333337
花萼长度的标准差: 0.4344109677354946
花萼长度的方差: 0.1887128888888889
```

图 2-30　花萼长度的统计结果

由统计结果可以看，数据对象 iris_data 是一个多维数组，大小为 150 行×5 列。根据统计的特征数据，可以进一步对特征数据进行分析和可视化处理，得出一些重要的结论，例如对鸢尾花特征数据进行分类统计可能会发现一些新的品种等，后文将对这些内容做专题讨论。

2.4.3　向量化处理

在模块 1 谈到，深度学习是人工智能的一个重要研究方向。在深度学习过程中，需要对原始的数据进行逐层特征变换，此过程常常面临大量的向量和矩阵计算，即将高度复杂的计算转化成相对简单的向量乘积的计算。显然，当数据量巨大时，采用传统的计算方法势必浪费大量时间，而利用 NumPy 库提供的向量化处理方法则能减少计算耗时。

数据集 iris 中一组萼片的长度和宽度、花瓣的长度和宽度可以分别用 x_1、x_2、x_3、x_4 表示，第一组数据记为 5.1、3.5、1.4、0.2。为了方便快速处理和使用数据，Python 把类似的数据视作一个整体放在 "{}" 中，记为 $\{x_1, x_2, \cdots, x_{n-1}, x_n\}$，这组数据在数学上被称为向量（Vector）。NumPy 库对向量操作做了算法甚至硬件级别的优化，接下来的引例能展示其在计算速度上的优势。

【引例 2-7】用向量化和非向量化这两种不同方法计算房屋单价。

（1）引例描述

house_data 是某城市房屋的面积和售价的数据集，请分别用传统遍历方法（非向量化方法）和向量化方法计算房屋的单价（万元每平方米），并对比计算用时。

（2）引例分析

首先将数据集导入 Python 数组 house_data 中，将 house_data 的第一列、第二列数据分别存到数组 vec1、vec2 中，分别用传统遍历方法和向量化方法计算房屋单价，用 time.time 函数统计计算用时，最后输出计算用时，对比两种方法的计算效率。

（3）引例实现

先用如下代码读入房屋数据。

```
1    import numpy as np
2    import time
```

```
3   house_data = np.loadtxt("./data/house_data.txt",delimiter =",")
4   vec1 = house_data[:,0]
5   vec2 = house_data[:,1]
```

代码行 2 导入时间包，代码行 4 和代码行 5 分别将 house_data 的第一列、第二列数据保存到数组 vec1、vec2 中，然后分别采用两种方法计算所有房屋的单价。

① 采用非向量化方法计算。

实现的代码如下。

```
1   t_start = time.time()
2   vec3 = np.zeros(len(vec1))
3   for i in range(len(vec1)):
4       vec3[i] = vec2[i]/vec1[i]
5   t_end = time.time()
6   print("非向量化方法耗时:"+str((t_end-t_start)*1000000)+"微秒")
```

代码行 1 和代码行 5 记下开始和结束的时间，代码行 2 用 zeros 函数生成初始值为 0 的指定数量元素的一维向量（数组），代码行 3 和代码行 4 采用传统遍历方法计算每套房屋的单价。

② 采用向量化方法计算。

实现的代码如下。

```
1   t_start = time.time()
2   v3 = vec2/vec1
3   t_end = time.time()
4   print("向量化方法耗时:"+str((t_end-t_start)*1000000)+"微秒")
```

代码行 2 直接采用向量除法来计算房屋的面积，可以看出，在代码量上要比非向量化方法少得多，那效率如何呢？两种计算方法的耗时结果对比如图 2-31 所示。

非向量化方法耗时:997.0664978027344微秒   向量化方法耗时:0.0微秒

图 2-31　两种计算方法的耗时结果对比

由计算结果可以看出，对含有 870 个房屋数据的数据集进行计算，向量化方法的耗时明显要少于非向量化方法的耗时，前者的效率比后者高很多。如果待计算数据集中的数据不是几百条，而是上百万条，效率的差距可能将更加明显。所以，对于海量数据的人工智能计算（如长时间的深度学习训练），采用向量化方法能显著提升程序的执行效率，节省宝贵的计算时间。

2.5　Matplotlib 库基础应用

Matplotlib 是一个 Python 2D 绘图库，它能以多种硬复制格式在跨平台的交互式环境中生成高质量的图形。Matplotlib 使容易的事情变得更容易，使复杂的事情变得简单。Matplotlib 只需几行代码就可以生成柱状图、功

Matplotlib 库基础应用

率谱、条形图、误差图、散点图等图表，并且为大数据的可视化和人工智能的图形化分析提供大量绘图函数。下面就来一睹它的风采。

2.5.1 绘制柱状图

Python 的第三方库 Matplotlib 提供了丰富的绘图功能，是一个非常好用的数据可视化工具。Anaconda 中已包含该工具，可以直接调用。

有了 Matplotlib 这个有力工具，就可以在 Jupyter Notebook 中使用它强大的绘图功能进行数据的可视化处理了。在数据的可视化处理过程中，要根据具体的数据可视化分析要求，选用不同的绘图函数来分析数据特征值之间的关系、查看变量的变化趋势、了解数据的整体分布情况等，以真正读懂数据，为数据深度分析和数据决策提供图形化的信息。下面就以绘制柱状图为例，展示此类图表能对数据做哪些解读。

【引例 2-8】用柱状图描述 2021 年～2023 年各季度第一产业的 GDP 情况。

（1）引例描述

第一产业的 GDP 保存在 GDP.csv 文件中，用 Matplotlib 绘制第一产业 GDP 的柱状图，并进行对比分析。

（2）引例分析

首先利用 NumPy 库将文件数据读入二维数组，作为绘图函数的数据源使用，然后用 Matplotlib 的柱状图绘图函数 bar 将数组中第一产业的数据以柱状图形式进行展现。

（3）引例实现

实现的代码如下。

```
1   import numpy as np
2   import matplotlib.pyplot as plt
3   plt.rcParams['font.family'] = 'SimHei'    # 将全局字体设置为黑体
4   GDP_data = np.loadtxt("./data/GDP.csv",delimiter = ",",skiprows = 1)
5   quarter = GDP_data[:,0].astype(int)
6   plt.figure(figsize = (8,3))
7   plt.bar(height = GDP_data[:,1],x = range(len(GDP_data[:,2])),label =
'第一产业 GDP',tick_label = quarter)
8   plt.legend()
9   plt.show()
```

代码行 3 将全局字体设置为黑体；代码行 5 将数组中的值转换成整数；代码行 6 定义绘图的尺寸为 8 英寸×3 英寸（1 英寸=25.4 毫米）；代码行 7 绘制柱状图，其高度用参数 height 来指定，即二维数组中第一列的值，参数 x 指定柱状图 x 轴坐标用第一产业的数据所处季度表示，参数 label 是图例标签，参数 tick_label 是 x 轴标签；代码行 8 显示图例；代码行 9 显示图表。

第一产业各季度 GDP 柱状图如图 2-32 所示。

由图 2-32 可以直观地看出，在 12 个季度中，2023 年和 2022 年第 4 季度的 GDP 最大，最小 GDP 出现在 2022 年的第 1 季度，最大 GDP 约是最小 GDP 的 3 倍。另外，每年第一产业的 GDP 呈现逐季度上升的趋势。由此可见，通过图形的方式对数据进行可视化处理能直观解读数据的变化趋势，为数据统计和分析提供便捷的手段。

图 2-32　第一产业各季度 GDP 柱状图

2.5.2　绘制散点图

散点图利用一系列的散点将两个变量的联合分布情况描绘出来，可以从图形分布中推断一些信息，如两个变量间是否存在某种有意义的关系。散点图是统计分析中常用的一种手段，特别是在分类统计图形中，它可以算得上是"中流砥柱"。当数据以恰当的方式在散点图中展示出来时，可以非常直观地观察到某些趋势或者模式，从而揭示变量之间的关系。下面以鸢尾花数据集为例，尝试利用 seaborn 库的散点图揭示鸢尾花花瓣的宽度和长度与鸢尾花品种之间的关系。

seaborn 库在 Matplotlib 的基础上进行了更简洁的封装，从而方便直接传入参数调用绘图功能，能绘制出更加完善的图表，并有助于更好地分析数据。seaborn 库官网主页如图 2-33所示。

图 2-33　seaborn 库官网主页

使用 pip3 install seaborn 命令安装 seaborn 库后才能使用其绘图功能。

【引例 2-9】用散点图分析鸢尾花花瓣的宽度和长度与鸢尾花品种之间的关系。

（1）引例描述

鸢尾花花瓣的数据保存在 iris.csv 文件中，这里试图从花瓣的宽度和长度的视角探索二者与鸢尾花品种之间的关系。

（2）引例分析

首先利用 pandas 将文件数据读入数据框（DataFrame）类型的变量中，然后利用 seaborn

库的关系图函数 relplot 绘制散点图。为便于观察，利用 DataFrame 类型变量中的品种列 Species 来区分颜色和散点样式。

（3）引例实现

实现的代码如下。

```
1   import pandas as pd
2   import matplotlib.pyplot as plt
3   import seaborn as sns
4   iris = pd.read_csv("./data/iris.csv")
5   sns.set(style = "whitegrid",font = "simhei",font_scale = 0.9)
6   sns.relplot(x = "Petal.Length", y = "Petal.Width", hue = "Species",
    palette = ["r","b","g"],style = "Species", data = iris);
7   plt.show()
```

代码行 1 中的 pandas 是人工智能学习中处理数据的高效工具，基于 NumPy 库创建，纳入了大量库和一些标准的数据模型，提供高效操作大型数据集所需的工具，关于它的更详细的使用方法将在后文深入介绍。以上代码中，relplot 函数的参数 hue 和 style 分别表示使用不同的颜色和样式区分 Species 维的数据，以便观察不同品种鸢尾花的花瓣维度的分布情况。不同品种鸢尾花花瓣的宽度和长度之间的关系如图 2-34 所示。

图 2-34　不同品种鸢尾花花瓣的宽度和长度之间的关系

由图 2-34 不难看出，鸢尾花的花瓣宽度和长度之间有很强的相关性，且 3 个不同品种的鸢尾花的散点图分布在不同的区域，由此可尝试利用鸢尾花花瓣的宽度和长度的散点位置来判定某朵鸢尾花属于{0,1,2}中的哪一种。

根据实际情况合理使用 seaborn 库提供的各种图形能够绘制出各种更完善、有效的统计图表，方便用户直观了解统计数据或发现数据背后隐藏的规律。

2.6 项目1——精准扶贫计划

2.6.1 提出问题

自 2014 年实施精准扶贫工程以来，经过全党全国各族人民共同努力，在迎来中国共产党成立一百周年的重要时刻，我国脱贫攻坚战取得了全面胜利，彻底告别绝对贫困，奔向小康生活。某县城当年约有贫困人口 12000 人，为合理利用扶贫资源、保持可持续减贫目标，计划 3 年后将贫困人口控制在 2000 人左右，你认为将年均贫困人口下降率定为多少比较合适？Python 作为一种面向数据处理和人工智能的语言，加持 NumPy 库等扩展库，在求解增长率问题、图形面积问题和降价增件的销售利润问题方面有独特的优势，能否通过简洁的编程语句实现上述问题的求解呢？答案无疑是肯定的。

2.6.2 解决方案

假设年均贫困人口下降率定为 x，则上述问题可转化为下列方程。

$$12000 \times (1-x)^3 = 2000，即$$

$$-6x^3 + 18x^2 - 18x + 5 = 0$$

上式中，-6、18、-18、5 分别是 x^3、x^2、x^1、x^0 的系数，可以据此编程以计算方程的根，但此方法编程量相对较大，对编程新手而言实现起来有一定难度。运用 Python 封装好的方程求解函数能轻松解决此类问题，解决方案的流程如图 2-35 所示。

图 2-35 解决方案的流程

2.6.3 预备知识

NumPy 库中的 roots 函数用于求方程的根（复数根或实数根都可以）或函数的零解，其参数是一个定义方程的参数向量，即方程各项按照未知数 x 降幂排列，然后将各项的系数依次填入一个向量，该向量作为参数传入 root 函数就可以返回方程的解。

如果方程有实数根，函数返回一个一维数据，里面的元素均是方程的根。如果方程没有实数根，则返回 $a+bj$ 形式的复数根。

2.6.4 任务 1——从键盘输入方程的系数

【任务描述】求解精准扶贫计划涉及的一个一元三次方程。
【任务目标】按未知数降幂的次序输入方程的系数并将其保存。
【完成步骤】
按未知数降幂的次序从键盘输入方程的系数，将它们存放在一个列表里，代码如下。

```
1  vec = []
2  for i in range(3,-1,-1):
```

```
3        val = eval(input('请输入 x^'+str(i)+'的系数:'))
4        vec.append(val)
```

代码行 1 定义一个空的列表，代码行 2 从 2 开始循环计数，每次减 1，到 0 结束。代码行 3 接收键盘的输入字符，并将其转换成数值类型赋给变量 val。代码行 4 将变量 val 添加到列表 vec 中。这样就得到了一个保存有方程系数的向量 vec。代码执行结果如图 2-36 所示。

```
请输入x^3的系数:-6
请输入x^2的系数:18
请输入x^1的系数:-18

请输入x^0的系数: 5
```

图 2-36 代码执行结果

2.6.5 任务 2——调用 roots 函数求解方程

【任务描述】利用 NumPy 库提供的科学计算函数 roots 对任务 1 中的一元三次方程求解。

【任务目标】求解指定方程的根并输出。

【完成步骤】

导入 NumPy 库，调用库中专门计算方程根的函数 roots，将任务 1 中保存了方程各项系数的向量 vec 用作函数参数，计算方程的根，然后输出，实现代码如下。

```
1    import numpy as np
2    str1 = '方程{:+d}x^3{:+d}x^2{:+d}x^1{:+d}的根是:'
3    result = np.roots(vec)
4    print(str1.format(vec[0],vec[1],vec[2],vec[3]),result)
```

代码行 2 构建一个描述方程的字符串，代码行 3 求方程的根。代码执行结果如图 2-37 所示。

```
方程 -6x^3+18x^2-18x^1+5的根是: [1.2751606 +0.47659215j 1.2751606 -0.47659215j 0.44967879+0. j ]
```

图 2-37 代码执行结果

由执行结果可以看出，将年均贫困人口下降率定为 44.968%就可以实现扶贫计划的既定目标。由此可见，利用 NumPy 库提供的函数能非常方便地计算出方程的根，是问题求解的简便、可靠的方法。

2.7 项目 2——解读我国第一、第二、第三产业的 GDP 发展趋势

2.7.1 提出问题

当拿到大量关于 GDP 的数据时，如何从这些表面看起来杂乱无章的数据中解读出一些有价值的信息呢？显然，如果能将这些数据以图表的形式展现出来（如将这些数据随时间或另一个变量变化的趋势在图上绘制出来），将能帮助人们深入洞悉数据背后可能隐藏的一些有用信息。折线图正是这样一种工具，它能较好地展现均匀分布的一系

项目 2——解读我国第一、第二、第三产业的 GDP 发展趋势

列数据，并显示数据的变化趋势。

2.7.2 解决方案

由于 GDP 数据保存在 GDP.csv 文件中，因此首先需要利用 pandas 将这些数据读取到 DataFrame 类型的变量中。用 pandas 读取数据非常简单、高效，它返回类似矩阵类型的数据（允许包含数值类型在内的多种数据类型），能较好地处理 GDP.csv 文件中存在的字符串类型的季度数据。然后将 DataFrame 类型的变量作为绘图函数的数据源，调用 seaborn 库的折线图函数绘制出 GDP 数据随季度变化的趋势，完成数据的图表展示。本项目问题解决方案的流程如图 2-38 所示。

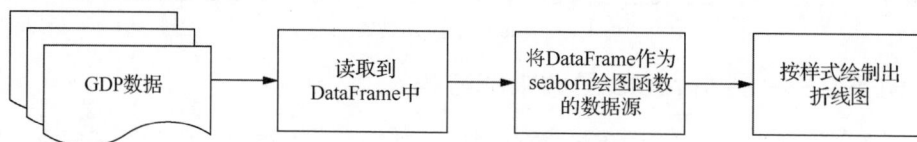

图 2-38 解决方案的流程

2.7.3 预备知识

seaborn 库中有大量的绘图函数，其中 lineplot 函数用于绘制折线图，以展示数据的变化，帮助用户可视化数据的变化趋势和数据之间的关系，该函数的常用参数如表 2-3 所示。

表 2-3 lineplot 函数的常用参数

参数	含义
x	x 轴数据
y	y 轴数据
hue	在某一维度上分组，用颜色区分
style	在某一维度上用不同形式的线区分，如点线、虚线等
linewidth	指定线宽
legend	是否显示图例
palette	用颜色组合指定线迹颜色
data	数据源

2.7.4 任务 1——读取 GDP 数据并观察数据结构

【任务描述】以图表方式展示近 3 年我国第一产业、第二产业、第三产业 GDP 发展趋势。

【任务目标】读取文件中的 GDP 数据并观察数据结构。

【完成步骤】

利用 pandas 来读取 CSV 类型文件数据，将其存放在 DataFrame 类型的变量中，代码如下。

```
1    import pandas as pd
2    import matplotlib.pyplot as plt
3    import seaborn as sns
4    GDP_data = pd.read_csv("./data/GDP.csv")
5    GDP_data = GDP_data.sort_values(by = 'quarter')
```

代码行 4 中的 DataFrame 类型的变量 GDP_data 保存从文件中读取的数据，其内容如图 2-39 所示。

	quarter	primary industry	secondary industry	third industry
11	202101	11369.3	92520.7	145310.3
10	202102	17165.5	114458.1	151225.5
9	202103	23142.5	113632.9	154512.7
8	202104	31539.2	130932.4	163427.9
7	202201	10920.7	104295.7	155128.1
6	202202	18182.7	120237.9	154026.0
5	202203	25653.5	119332.8	162955.8
4	202204	33450.1	129923.5	170617.2
3	202301	11589.4	106139.3	166694.3
2	202302	18807.9	121533.4	167951.3
1	202303	25932.8	121212.0	172830.6
0	202304	33425.1	133702.9	180762.2

图 2-39　DataFrame 类型的变量 GDP_data 的内容

从图 2-39 可以看出，DataFrame 以类似表格的形式保存数据，每列数据的数据类型可以不同，可以通过指定列名的方式来获取整列数据，也可以灵活对部分行、部分列进行切片，获取指定范围内的部分数据，具体方法将在后文进行介绍。

2.7.5　任务 2——绘制 GDP 数据的折线图

【任务描述】运用 seaborn 库提供的绘图函数绘制 GDP 数据的折线图。

【任务目标】选用 lineplot 函数绘制 GDP 数据的折线图，并观察 GDP 发展趋势。

【完成步骤】

使用 seaborn 库中的 lineplot 函数绘制折线图，具体代码如下。

```
1    GDP_data['quarter'] = GDP_data['quarter'].astype(str)
2    data = GDP_data
3    data.columns = ['quarter','第一产业 GDP','第二产业 GDP','第三产业 GDP']
4    data = data.set_index('quarter')
5    plt.figure(figsize = (9,4))
6    sns.lineplot(data = data,linewidth = 2,markers = True)
7    plt.show()
```

代码行 1 将 DataFrame 中的 quarter 列重置为字符串类型，代码行 3 将 quarter 列重置为行索引，代码行 5 指定绘图的尺寸是 9 英寸×4 英寸，代码行 7 绘制折线图。短短几行代码就绘制出了 GDP 数据随季度变化的趋势。第一、第二、第三产业的 GDP 发展趋势如图 2-40

所示。

由图 2-40 可以清晰地看到，每年三个产业的 GDP 呈现逐季度上升的趋势，其中第二产业的 GDP 在每年的第 1 季度到第 2 季度增长较快，而第 2 季度到第 3 季度增长比较平缓，其原因值得经济、市场等相关领域的专家深入探究。

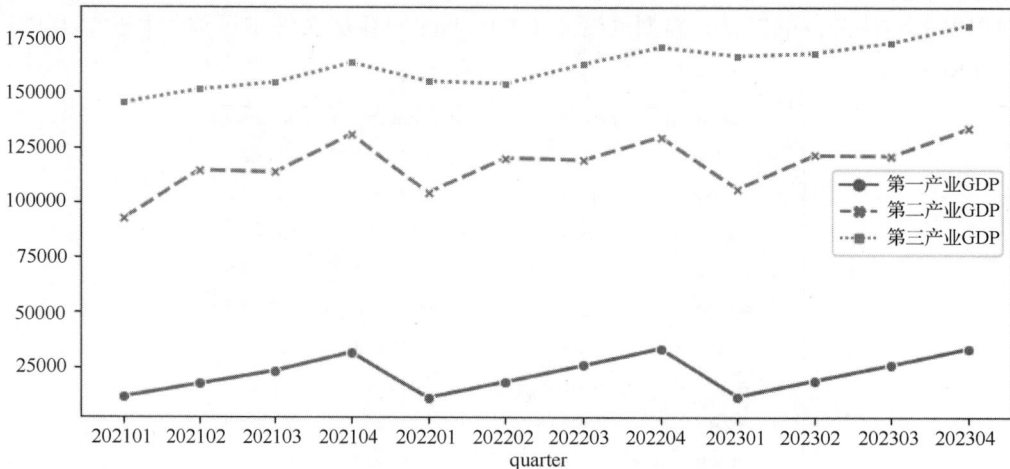

图 2-40 第一、第二、第三产业的 GDP 发展趋势

模块小结

Python 是人工智能开发的首选语言之一，是深入洞悉人工智能算法、实现人工智能服务的利器。目前，Python 编程技术十分受欢迎，这主要归功于大数据和人工智能在商业、政务和教育等各行各业的推广应用。人工智能相关应用场景包括在线语音翻译、自动汽车驾驶、采用"刷脸支付"的无人超市等，这些应用场景的落地最终要靠编程来实现。Python 的"横空出世"在一定程度上加速了人工智能技术的发展，它为高效处理及分析海量数据、实现人工智能决策和管理提供了语言支持。学习者学习 Python 这种人工智能开发语言的目的是让自己能利用所学知识来解决实际问题，如合理而清晰地对大数据进行可视化处理、快捷地对海量数据进行统计分析、将常见的深度学习模型应用到具体场景中等。这些都要求学习者具有扎实的 Python 编程基础和相关的第三方库知识，在实践过程中不断提高自己的动手能力和创造力。

课后习题

一、考考你

1. Python 成为人工智能开发首选语言的主要原因是_____。
   A. 简单易学、容易掌握
   B. 开源、不需要单独付费
   C. 跨平台性，能在不同操作系统上运行
   D. 丰富、强大的人工智能第三方库

2. 在 Jupyter Notebook 中执行当前单元代码并在下方添加一个新单元的快捷键是_____。

    A.　Enter　　　　　B.　Shift+Enter　　C.　Ctrl+Enter　　　　D.　Alt+Enter

3. _____不属于大数据分析和处理的"三剑客"。

    A.　seaborn 库　　　B.　pandas 库　　　C.　NumPy 库　　　　D.　Matplotlib 库

4. for 循环语句的特点是_____。

    A.　根据循环条件是否成立来决定是否循环

    B.　可以是一次或多次循环

    C.　自动依次从数据集合中取出元素

    D.　执行效率高

5. 第三方库 Matplotlib 的作用是_____。

    A.　进行科学计算　　　　　　　　B.　数据可视化

    C.　数据预处理　　　　　　　　　D.　人工智能预测

6. 按_____键能在 Jupyter Notebook 的编辑模式与命令模式之间进行切换。

    A.　Enter　　　　　B.　Esc　　　　　C.　Ctrl+Shift　　　D.　Alt

7. 下列代码的执行结果是_____。

```
n = 10
sum = 0
counter = 1
while counter <= n:
    sum += counter
    counter += 1
print(sum)
```

    A.　50　　　　　　B.　55　　　　　C.　45　　　　　D.　100

8. 下列代码的执行结果是_____。

```
nums = [10, 20, 30, 40, 50, 60, 70, 80, 90]
print(nums[0:3])
```

    A.　[10, 20, 30]　B.　[10, 20]　　　C.　[10, 20, 30,40]　D.　[20, 30]

9. 向量化方法的突出优势是_____。

    A.　简单　　　　　B.　编程容易　　　C.　计算速度快　　D.　适应各种计算

10. seaborn 库中用于绘制折线图的函数是_____。

    A.　bar　　　　　　B.　lineplot　　　C.　Lineplot　　　D.　plot

二、亮一亮

1. 现有下列方程组，请运用 NumPy 库求解。

$$\begin{cases} 2x + y - 2z = -3 \\ 3x + z = 5 \\ x + y - z = -2 \end{cases}$$

2. 将 GDP.csv 文件中的第三产业 GDP 数据用柱状图进行可视化。

三、帮帮我

设计一个体重指数（Body Mass Index，BMI）计算程序，据此来分类一个成年人的体重。BMI（单位：kg/m^2）的计算公式如下。

$$BMI = \frac{体重（kg）}{身高的平方（m^2）}$$

成人体重分类如表 2-4 所示。

表 2-4　成人体重分类

单位：kg/m^2

BMI 值	分类
BMI<18.5	体重过低
18.5≤BMI<24.0	体重正常
24.0≤BMI<28.0	超重
BMI≥28.0	肥胖

程序的执行结果如图 2-41 所示。

请输入你的身高(米)1.72

请输入你的体重(千克) 75

你的BMI=25.35，结论：超重！请控制饮食！

图 2-41　程序的执行结果

模块 ❸ 线性回归：预测未来趋势

数学关系能帮助人们理解生活的方方面面。只有用普遍联系的、全面系统的、发展变化的观点观察事物，才能把握事物的发展规律。例如，体重与摄入的热量是有关系的，一个人的收入与他的教育投入可能是息息相关的，运动员平时的训练成绩基本决定了他正式比赛时获奖的概率。正如古人所说，"立身百行，以学为基""本领若是，事事发出来皆是；本领若不是，事事皆不是也"，这两句话揭示了付出与成长的关系。这些关系如果能用确切的数学表达式表达出来，将极大地促进人们对它们的理解，并且人们可以参考逻辑清晰的数学表达式来调整行为方式，以期得到更好的结果。然而，要想从某个现象中确定一个数学表达式并不是一件轻松的事情，那是否可以让机器帮助人们找到它呢？答案是肯定的，机器学习有这种能力，它可以通过学习数据得到一个线性模型，以实现对未来数据的预测。下面就来挑战机器学习中典型的应用——线性回归。

本模块内容导读如图 3-1 所示。

图 3-1　模块 3 内容导读

3.1 认识机器学习

3.1.1 机器如何学习

要让机器听人们的话，按照人们的意图去完成一些任务，就必须先让机器学会学习，就像呱呱落地的婴儿一样，在父母的指导下逐渐认识这个世界，并具备解决问题的能力。机器学习就是利用经验数据和算法（一种学习方法）来反复训练机器，让它获得处理数据的优化方案（模型），然后机器就可以利用这个模型对新输入的数据进行处理，得到预测结果。这样，机器通过学习就具备了可以自主认识事物规律的能力。机器学习的一般流程如图 3-2 所示。

图 3-2　机器学习的一般流程

（1）经验数据。经验数据是指来自生活、工作、生产等领域的，累积到一定规模的，有潜在价值的数据。数据量越大，机器能够学习的东西就越多，也更容易发现数据中隐藏的有价值的规律或模式。例如，教机器识别老鼠时可能会让机器反复查看不同老鼠的真实图像，告诉机器图像中的动物就是老鼠。那么，如何更好地描述老鼠，让机器记住老鼠的样子呢？这就需要对老鼠这个样本提取一些特征，如告诉机器，老鼠有长长的胡须、体毛多呈灰褐色、有一对门齿和一双黑豆般的眼睛等。所以，要让机器学习，大量有特征的数据必不可少。

（2）算法。机器在对经验数据进行训练学习的过程中必须有一定章法，或者说，要告诉机器开展有效学习的策略，这个章法或策略就称为算法。譬如，机器思考如何去识别老鼠的过程就是一种算法。机器在算法的指导下，基于大量经验数据不断迭代地训练学习，才有可能发现一种已知变量与预测值之间的关系。

（3）模型。机器学习的目标就是要找到一个表达式，该表达式能根据未来的解释变量计算并得出预测目标变量。这个经训练学习得到的表达式称为模型。例如，函数公式或关系表达式就是常见的模型。机器经过多次训练后，就可以根据下列表达式快速判别今后出现的动物是不是老鼠。

$$y = f(x_1, x_2, x_3, \cdots, x_n)$$

其中 $x_1, x_2, x_3, \cdots, x_n$ 依次指老鼠的胡须、毛色、门齿和眼睛等特征变量，f 是一个计算函数，y 取值为[1|0]，1 表示是老鼠，0 表示不是老鼠。这样，在已知计算函数 f 和特征变量 $x_1, x_2, x_3, \cdots, x_n$ 的前提下，机器就能容易地判断出眼前的动物是不是老鼠。

要想得到模型，机器学习的算法必不可少，那如何在学习过程中不断矫正或调整学习的策略，以便及时纠正模型，得到最终的学习结果呢？这就需要了解常见的几种机器学习算法。

3.1.2　机器学习算法

机器学习面向数据的分析与处理，以监督学习、无监督学习和强化学习等为主要研究方向，提出了一系列的模型和计算方法。下面就介绍几种机器学习算法的基本概念和思想。

1. 监督学习

监督学习是机器学习中较重要的一类算法，机器学习中的绝大多数算法属于监督学习。所谓监督学习，是指机器在有已知输入值 x_i 和输出值 y 的经验数据（样本）的情况下开展的学习。当输出值 y 的集合是有限集合时，该学习问题为分类。如输出值 y=[0|1|2]，就认为该预测样本为 0 类、1 类或 2 类。若输出值 y 是数值类型的连续值，则该学习问题为回归类型。以图 3-3 为例，基于该样本集建立一个二分类模型，将图中的猫和老鼠分类。

图 3-3 样本集

此处的监督学习就是在已知动物样本的属性 x_i=[胡须,毛色,门齿…]、输出值 y=[猫|老鼠] 的情况下，让机器利用某种算法建立输入值 x_i 和输出值 y 的函数关系的过程。当模型训练结束后，只要告诉机器某动物（此处仅限猫或老鼠）的属性 x_i，它就能较为准确地判断出此动物是猫还是老鼠。由此可见，这种学习方法有以下几个特点。

（1）训练的数据有标签（Label），即训练样本的输出是样本的标签。

（2）样本的特征和标签已知。简单地说，在训练前就知道输入和输出的值。

（3）学习的目的就是建立一个将输入准确映射到输出的模型。

监督学习包括回归和分类两大类，前者主要包括线性回归、k 近邻（k-Nearest Neighbor，KNN）和梯度提升（Gradient Boosting），后者主要包括逻辑回归、决策树、k 近邻、支持向量机、随机森林等。

2. 无监督学习

顾名思义，无监督学习就是指机器在学习过程中不受监督，学习模型不断提高自我认知和不断巩固，最后进行自我归纳来达到学习目的。在现实生活中会有遇到某些问题时缺乏足够的先验知识，而难以对问题的答案进行人工标注；或者即便可以标注，但成本太高等情况。因此，希望机器能代替人们完成此类工作，如将所有的样本自动分为不同的类别，再由人对这些类别进行标注，有可能发现其中新的类别。图 3-4 展示了一组不同形状和颜色的图形，这些图形没有进行任何标注，也就是机器事先并不知道这些图形的形状、大

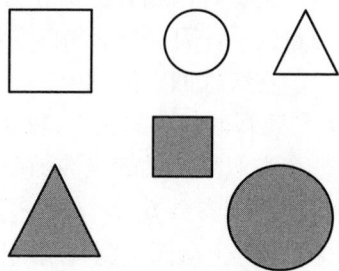

图 3-4 一组图形

小和颜色。把这些图形数据输入无监督学习的模型，模型就会试图去理解图形的内容，将相似的图形放在一起，如机器学习模型可能将这些图形按不同规则划分到不同的类别中，3 种不同的分类结果如图 3-5 所示。

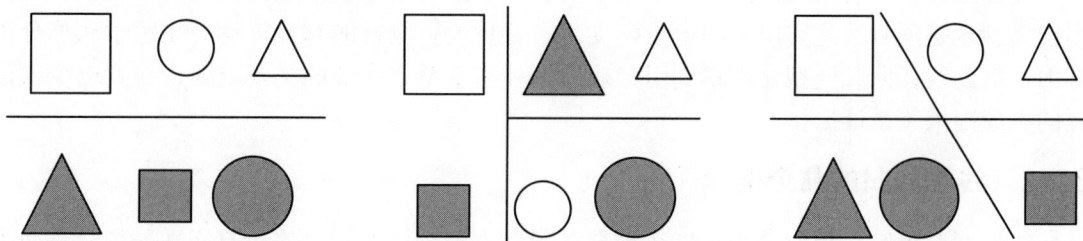

图 3-5 3 种不同的分类结果

无监督学习相对监督学习而言，有以下特点。

（1）无须大量标注数据，从而可减少大量的人力、物力和财力。

（2）以更接近人类的学习方式不断自我发现、学习和调整，有利于发现事物的内在联系，找到新的模式或新的知识。

常见的无监督学习算法有聚类、关联规则分析等。

除了监督学习和无监督学习，机器学习还有半监督学习和强化学习等算法，它们都被称为弱监督学习算法，在此不对有关概念和基本理论做详细的阐述，更多内容可查阅相关资料。下面就利用监督学习中一种简单的常用算法——线性回归来具体介绍如何利用机器学习解决现实生活中的问题。

3.2 认识线性回归

3.2.1 线性回归的数学表达式

线性回归（Linear Regression）是一种通过拟合自变量 x_i 与因变量 y 之间的最佳线性关系来预测目标变量的方法。所谓的线性关系，就是单个 x_i 与 y 之间的关系可以用一条直线近似地表示，线性回归的数学表达式如下。

$$y = \beta_0 + \beta_1 x_1 + \beta_2 x_2 + \cdots + \beta_n x_n$$

如果上式只包含一个自变量 x 和一个因变量 y，且二者的关系可用一条直线近似地表示，则这种回归分析被称为一元线性回归分析。如果回归分析中包含两个或两个以上的自变量 x_i，且因变量 y 和自变量 x_i 之间是线性关系，则称其为多元线性回归分析。

在线性回归问题中，x_i 为问题的特征值，如研究人的身高 h 与营养摄入量 a、锻炼强度 b 和睡眠时长 c 的关系，其中 a、b、c 就是特征值，也叫自变量，h 是因变量。需试图找出一个类似于上式的线性函数表达式，以该函数作为模型；在经验数据的训练下估算出该模型的回归参数 $\beta_0, \beta_1, \beta_2, \cdots, \beta_n$，那么该模型就可以根据目标特征值 $x_1, x_2, \cdots, x_n$ 预测出目标输出值 y，从而达到利用线性回归模型解决预测问题或计算趋势值的目的。

线性回归模型在现实生活中有着广泛的应用。例如，在股票市场中，趋势线代表股票在时间序列上的走势，它告诉人们股票的价格是否在一段时期内上升或下降。虽然可以通过观察数据点在坐标系的位置画出大致的趋势线，但更恰当的方法是利用已有的数据点和线性回归模型计算出趋势线的位置和斜率，从而较为准确地预测未来的股票价格走向。

在金融界，常利用线性回归模型来分析和计算投资的系统风险。在经济学方面，线性回归模型也是预测消费支出、固定投资支出、存货投资收益的有力工具。在医学病理分析方面，借助线性回归模型能观察到引起病变的独立变量或病变的主要成因，找到更令人信服的病理因果关系证据。

3.2.2 线性回归的几个概念

线性回归求解过程就是用线性（拟合）函数去拟合样本集，使所有样本与拟合函数之间的误差最小。图 3-6 所示为一家贸易公司的广告投入与销售额之间关系的散点图，图中斜线是要拟合的函数图形。本例的目标是找到一条处于合理位置的直线，使所有圆点到直线的距离的平方和最小，从而得到最佳的拟合函数。

图 3-6　广告投入与销售额之间关系的散点图

显然，此处找直线的问题其实就是求函数 $y = \beta_0 + \beta_1 x$ 中的系数 β_0、β_1 的问题，在不断寻找 β_0、β_1 的过程中，必须有一种判断标准来决定何时停止迭代寻找。在线性回归中，通常使用一种被称为普通最小二乘法（Ordinary Least Squares，OLS）的估计方法，使得 y 的预测值 $\hat{y}$ 和真实值之间的垂直距离的平方和（用下式表示）最小。

$$SSE = \sum_{i=1}^{n} (\hat{y}_i - y_i)^2$$

SSE 表示一种总的误差，也叫损失函数（Loss Function），它在一定程度上反映了线性回归方程以外其他因素导致的误差，这种误差是无法避免的。正如公司的销售额与广告投入有很大的关联，但这种关联不是绝对的，一些其他的因素（如产品本身的质量、服务水平等）也会对销售额产生影响，这也是误差产生的原因。除此之外，拟合也与样本的质量有关，试想一下，如果图 3-6 中的圆点本身分布波动太大，则说明个别样本的变化有些偶然因素，样本的整体质量不高，从而导致拟合误差较大。样本的波动用下式表示。

$$SST = \sum_{i=1}^{n} (y_i - \bar{y})^2$$

SST 表示样本中所有因变量 y 的真实值与其平均值 $\bar{y}$ 的差的平方和，其值越大，说明原始样本本身具有越大的波动，这种波动反映了因变量的整体偏差。那如何评价求出的线性回归模型的拟合程度呢？在统计学中用下列式子来判断线性回归方程的拟合程度。

$$R^2 = 1 - \frac{SSE}{SST}$$

R^2 称为判断系数或拟合优度。由上式可知，线性回归方程以外的其他因素引起的误差 SSE 越小，R^2 就越接近 1，表示此线性回归方程可以很好地解释因变量的变化；反之，如果 SSE 越大，接近总体偏差 SST，R^2 就越接近 0，说明此问题可能不适合采用线性回归模型解决，因为因变量与自变量此时并不存在线性关系。

细心的读者可能会问，在求解线性回归方程的过程中，已经知道了利用损失函数就可以决定何时停止求解迭代，那如何调整方程的系数 β 呢？不难看出，模型训练的过程其实就是在不断调整参数 β 的值，最终使得预测值与真实值尽可能相等，损失函数的值尽可能越来越小。因此，损失函数是关于 β 的一个函数，那在模型训练中，如何去不断改变 β，尽可能快地找到最优解，以提高模型的运算速度和精度呢？这就要了解模型训练的一种优化算法——梯度下降法。

3.2.3 梯度下降法

机器学习的目标就是最小化损失函数的值。考虑最简单的情况，假设线性回归方程为 $y=b+wx$，则损失函数 L 可以理解为系数 b 和 w 的函数，记为 $L(b,w)$，此处的 b、w 也可以推广为一个向量，如 $\boldsymbol{b}=(\beta_0)$、$\boldsymbol{w}=(\beta_1,\beta_2,\cdots,\beta_n)$。因为损失函数是一个凸函数（此处不证明），所以寻找损失函数 $L(b,w)$ 的最小值的过程实际就是按照某种方向不断微调 b 和 w 的值，一步一步尝试找到这个最小值。以图 3-7 为例，一个人站在山顶，试图花最短的时间到达谷底。显然，如果他每次都能沿山坡最陡峭的方向往山坡下走，并不时地调整自己下山的步长，就能以最短的时间到达谷底。

图 3-7　下山示意图

由此可见，这个人在到达谷底的过程中需要不断地做两件事：一是始终沿最陡峭的方向下山；二是根据下山的速度来调整步长（步长又称为学习率 α），刚开始时步长可以大一些，当逐渐接近目标时，可适当减小步长，因为稍不留神就有可能错过谷底。其中，最陡峭的方向其实就是某处的梯度方向（梯度表示某一函数在该点处的变化率最大）。对单变量的实值函数而言，梯度就是导数；而对于一个线性函数，梯度就是直线的斜率。所以，把上述沿梯度的反方向逐步寻找损失函数最小值的方法称为梯度下降法。

在应用梯度下降法求解损失函数最小值的过程中，对线性回归方程 $y=b+wx$ 而言，首先要初始化参数对 (b,w)。一般是给它们一个很小的值，因为损失函数是凸函数，所以无论从曲线的哪个点开始，只要沿着梯度的反方向反复按下式对 w_i 进行更新取值（只考虑 w），损失函数最终都可以收敛到最小值或接近最小值。

$$w_{i+1}=w_i-\alpha\frac{\partial}{\partial w_i}L(w_i)$$

由上式不难看出，学习率 α 决定了 w_{i+1} 变化的幅度，也决定了梯度下降的速率和稳定性，其大小需要由外界指定，不能由机器自身学习得来。如果 α 取值太小，就像人的步长太小一样，到达谷底要花很长时间，导致学习效率低；如果 α 取值太大，虽然学习效率高，就像人的步长很大一样，能很快接近谷底，但最后这个人可能一步跨过了谷底，导致始终难以到达谷底，也就是始终找不到损失函数的最小值。因此，通常的做法是让步长由大到小，如图 3-8 所示。

在沿着梯度的反方向寻找损失函数最小值的过程中，为了平衡大小步长的优、缺点，可以在一开始的时候先大步走，以提高效率，而一旦所到达点的斜率逐渐减小，函数梯度下降的趋势会越来越缓，此时再逐步调小步长，以避免因步长过大而跨过谷底，从而最终找到最小值或接近最小值。

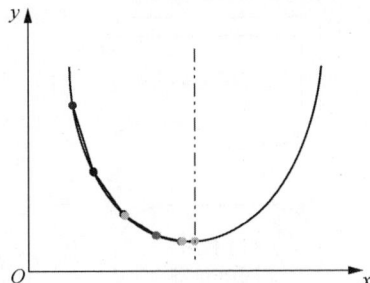

图 3-8 步长由大到小

利用线性回归模型解决实际问题的一般步骤如下。

（1）根据问题构建一个线性回归模型，即构建一个函数。

（2）利用已标注的样本数据对模型进行训练，训练过程中使用梯度下降法调整模型参数 β_i，利用损失函数评价训练如何结束。

（3）重复步骤（2），直至找到损失函数的最小值。

（4）利用验证集测试模型的精度或拟合度，评价指标常为均方误差（Mean Square Error，MSE）。

（5）如果对预测结果不满意，则需要改进模型（如加大训练集、改变学习率 α 等）。

（6）回到步骤（2），重新训练模型，直至满意。

（7）利用自变量 x_i 和满意的模型去计算预测值 y，从而解决预测问题。

3.3 项目1——预测二手车价格

项目 1——预测
二手车价格

3.3.1 提出问题

随着人们生活水平的提高，汽车成为很多人日常出行和外出旅游的必备工具，购买一台心仪的二手车是很多年轻人的选择。但市面上二手车种类繁多，又涉及汽车的诸多专业知识，对多数人而言，购买一辆与实际价格相符、车型适中的二手车并不是一件轻松的事情。如果能从二手车交易的历史记录中发现某种规律，合理评估一台二手车的预交易价格，无论是对普通的消费者还是二手车商，都非常有吸引力。那如何才能找到这种规律呢？不妨让机器学习代替人们寻找。

3.3.2 解决方案

二手车价格预测其实就是在寻找二手车的基本特征（如汽车品牌、变速箱类型、已使用年限等）与价格之间的关系，该问题符合多元线性回归的特点，因此可采用回归模型来求解。首先利用二手车的历史样本数据，分别以影响车辆的特征作为输入集、以价格作为输出集来构建数据集。其次，构建一个回归模型，以归一化的数据对模型进行训练，并测试模型的精度。当训练出合适的模型后，就相当于找到了一个明确的关于二手车主要属性与价格的数学表达式，此时就可以利用它来预测某辆二手车的价格，帮助消费者做出合理的选择。解决方案的流程如图 3-9 所示。

图 3-9　解决方案的流程

3.3.3　预备知识

1. 数据归一化

使用样本数据训练模型前，需要对数据进行处理。例如，有个别样本数据点显著偏离其他数据点，远离求解点的拟合直线，这些数据点有可能是收集误差或测量误差。因此，为了缩小样本数据取值的差异范围，提高数据质量，就要用到一种常见方法：归一化。

归一化是指把数据变换成(0,1)或者(-1,1)范围内的小数，主要是为了方便数据处理，消除不同特征的量纲影响，或者把有量纲表达式变成无量纲表达式，便于不同单位或量级的指标进行比较和加权，以加快训练速度和提高模型精度。数据归一化方法主要有以下两种。

（1）Min-Max 标准化（Min-Max Normalization）

该方法也称为离差标准化，是对原始数据的线性变换，使结果值映射到 0～1。转换公式如下。

$$x' = \frac{x - x_{\min}}{x_{\max} - x_{\min}}$$

其中 x' 为归一化后的值，$x_{\min}$ 为样本数据的最小值，$x_{\max}$ 为样本数据的最大值。该方法的缺陷就是当样本有新数据加入时，可能导致 $x_{\min}$ 和 $x_{\max}$ 变化，从而需要重新计算归一化后的值。

（2）Z-Score 标准化（Z-Score Standardization）

这种方法基于原始数据的平均值和标准差进行数据的标准化处理。经过处理的数据符合标准正态分布，即平均值为 0、标准差为 1。转换公式如下。

$$x' = \frac{x - \mu}{\sigma}$$

上式中的 μ 为所有样本数据的平均值，σ 为所有样本数据的标准差。

当样本数据的特征值个数较多时，可能存在不同特征值的取值范围差异较大的情况，如有两个特征值 x_1、x_2，$x_1 \in (1,10)$，$x_2 \in (100,5000)$，如果不对原样本数据进行归一化处理，x_1、x_2 就会受到特征值量纲的影响，造成机器学习的效率和精度降低。尽管有些数据集的特征值之间不存在取值范围的差异问题，但考虑到归一化处理后模型的收敛速度和算法效果，后面仍要对样本数据进行归一化处理。

2. 线性回归模型如何训练

在准备好数据后，下一步就是构建模型。本项目的数据集有汽车的品牌、车身类型、价格等 10 种重要特征，即线性回归模型中有 9 个自变量 x（汽车的品牌、车身类型等），模型的输出值是价格 y。因此，模型的假设函数表达式如下。

$$y' = \varphi_0 + \varphi_1 x_1 + \varphi_2 x_2 + \cdots + \varphi_9 x_9$$

y' 就是要预测的值，模型要学习的参数是 $\varphi_0, \varphi_1, \varphi_2, \cdots, \varphi_9$。建立好这个假设函数表达式后，在后续模型学习过程中需要给模型一个学习的目标，让它在达到学习目标后停止学习，使得学习得到的参数 $\varphi_0, \varphi_1, \varphi_2, \cdots, \varphi_9$ 尽可能地让预测值 y' 接近真实值 y。这里使用的 MSE，其表达式如下。

$$\text{MSE} = \frac{1}{m} \sum_{i=1}^{m} (y_i' - y_i)^2$$

上式中 m 是样本的个数，y_i' 是第 i 个样本的预测值，y_i 是第 i 个样本的真实值，则 MSE 是 m 个样本预测结果误差平方和的平均值。

有了模型的定义，接下来按照以下步骤对模型进行训练和测试。

（1）初始化参数，包括参数 φ、学习率 α 和迭代次数 n。如通常按平均值为 0、方差为 1 的正态分布随机取值给参数 φ 赋初值，学习率 α 通常取值为 0.01 或 0.001。迭代次数 n 可根据学习率大小、数据规模大小、预测精度的要求做合理的选择，过小时可能导致学习程度不够，得不到目标模型；过大时可能导致训练时间过长，迟迟得不到结果。

（2）将样本数据输入模型，计算损失函数。

（3）利用学习过程优化算法，如利用梯度下降法处理损失函数，寻找损失函数的最小值，并在此过程中依次更新模型的参数。

（4）不断重复步骤（2）、步骤（3），直到模型收敛于损失函数的最小值或训练迭代次数达到设定值 n。

3.3.4 任务 1——构建训练集和测试集

【任务描述】预测二手车价格是线性回归比较典型的应用场景之一。二手车样本的数据结构如表 3-1 所示。

表 3-1 二手车样本的数据结构

编号	字段名	说明	编号	字段名	说明
1	SaleID	交易 ID	9	power	发动机功率
2	name	汽车交易名称	10	kilometer	汽车已行驶公里数
3	model	车型编码	11	notRepairedDamage	汽车尚未修复的损坏
4	regionCode	地区编码	12	days	汽车已使用天数
5	brand	汽车品牌	13	v_0	匿名特征 0
6	bodyType	车身类型	14	v_1	匿名特征 1
7	fuelType	燃油类型	15	price	二手车交易价格
8	gearbox	变速箱			

样本数据共 15 列，price 列是预测目标，其中有些列（如 1~4 列）与价格关联度低，而有些列（如 5~14 列）则会在一定程度上影响二手车的价格。显然，汽车品牌、车身类型等特征是自变量 x，价格是因变量 y。需要根据特征之间的关系构建相应的数据集，为后续模型的训练做好数据准备工作。为此，新建文件 3-3_task1.ipynb。

【任务目标】根据原始样本数据中自变量特征集与因变量价格之间的线性关系构建好训练集和测试集。

【完成步骤】

1. 对切分出的数据集进行归一化处理

先从数据集文件 used_cars.csv 中读取数据，然后切分出特征数据并进行归一化处理。源代码如下。

```
1  import numpy as np
2  import pandas as pd
3  df = pd.read_csv('data/used_cars.csv',sep = ',',header = 0)
4  columns = ['brand','bodyType','fuelType','gearbox','power',
   'kilometer', 'notRepairedDamage','days','v_0','v_1','price']
5  df = df[columns][:]
6  df = (df-df.min())/(df.max()-df.min())
```

代码行 3 读取二手车样本数据。代码行 4 定义要切分的数据列，即用这些特征数据来训练和测试模型。代码行 5 获取指定列的所有行数据。代码行 6 按离差标准化方法对数据进行归一化处理，处理后的数据如图 3-10 所示。

	brand	bodyType	fuelType	gearbox	power	kilometer	notRepairedDamage	days	v_0	v_1	price
0	0.025641	0.285714	0.166667	1.0	0.233333	1.000000	0.0	0.362281	0.662581	0.363489	0.057951
1	0.000000	0.142857	0.000000	0.0	0.125000	1.000000	0.0	0.790789	0.358791	0.237542	0.009477
2	0.256410	0.000000	0.000000	0.0	0.000000	1.000000	0.0	0.746930	0.456174	0.164792	0.007925
3	0.487179	0.285714	0.000000	0.0	0.298333	1.000000	0.0	0.726754	0.586578	0.264984	0.033219
4	0.000000	0.428571	0.166667	0.0	0.175000	1.000000	0.0	0.430921	0.568698	0.374536	0.039964
...	...	...	...	...	...	...	...	...	...	...	...
9995	0.256410	0.285714	0.000000	1.0	0.250000	1.000000	0.0	0.768421	0.507706	0.347410	0.027598
9996	0.102564	0.000000	0.166667	0.0	0.226667	1.000000	1.0	0.560197	0.563947	0.427600	0.044461
9997	0.025641	0.285714	0.166667	1.0	0.316667	0.517241	0.0	0.211952	0.694534	0.543421	0.212523
9998	0.256410	0.714286	0.000000	1.0	0.271667	1.000000	0.0	0.526206	0.642284	0.325535	0.066944
9999	0.256410	0.571429	0.000000	0.0	0.000000	1.000000	1.0	0.458991	0.664162	0.599005	0.095048

10000 rows × 11 columns

图 3-10　归一化后的样本数据

2. 将数据集分割成训练集和测试集

将上述处理好的数据按 80%的比例随机抽取，构成训练集，剩余的数据构成测试集。按照自变量和因变量之间的关系分别定义好训练集、测试集的特征集和标签集。源代码如下。

```
1  train_data = df.sample(frac = 0.8,replace = False)
2  test_data = df.drop(train_data.index)
```

```
3    x_train = train_data.iloc[:,0:10].values
4    y_train = train_data['price'].values
5    x_test = test_data.iloc[:,0:10].values
6    y_test = test_data['price'].values
```

上述代码行 1 从数据集 df 中随机抽取 80%的样本构成训练数据。代码行 2 从数据集 df 中删除训练数据，得到的剩余数据为测试数据。代码行 3~4 分别定义训练集的特征集和标签集。代码行 5~6 分别定义测试集的特征集和标签集。

3.3.5 任务 2——模型的构建与训练

【任务描述】首先构建一个线性回归模型，然后利用任务 1 的训练集对它进行训练。训练的目的就是让该模型尽可能拟合数据，让模型在训练集上展现出较高的性能。

【任务目标】构建线性回归模型，对它进行训练。

【完成步骤】

采用机器学习库 scikit-learn 中的随机梯度下降（Stochastic Gradient Descend，SGD）回归模型函数 SGDRegressor 来构建模型。该模型有 4 个重要的参数，如表 3-2 所示。

表 3-2 SGDRegressor 函数的重要参数

参数	含义	备注
loss	损失函数	有'squared_error'、'huber'等选项，默认值是平方误差：'squared_error'
max_iter	最大迭代次数	如果不指定，算法使用默认值 10
learning_rate	学习率	有'optimal'、'invscaling'、'adaptive'、'constant'等选项
eta0	初始学习率	默认值 0.01

如果没有安装机器学习库 scikit-learn，请在命令提示符窗口中执行以下命令安装该第三方库。

```
pip3 install scikit-learn
```

安装好机器学习库 scikit-learn 后编写如下代码，构建模型并对它进行训练。

```
1    from sklearn.linear_model import SGDRegressor
2    import joblib
3    model = SGDRegressor(max_iter = 1000,learning_rate = 'adaptive',
eta0 = 0.01,loss = 'huber')
4    model.fit(x_train,y_train)
5    pre_score = model.score(x_train,y_train)
6    print('score = ',pre_score)
7    print('coef = ',model.coef_,'intercept = ',model.intercept_)
8    joblib.dump(model,'.\sava_model\SGDRegressor.model')
```

代码行 1~2 分别导入随机梯度下降回归模型函数 SGDRegressor 和轻量级管道库 joblib，代码行 3 构建随机梯度下降回归模型，代码行 4 开始训练模型。随机梯度下降算法的主要思想是：从样本中随机抽出一组，训练后按梯度更新一次，然后再抽取一组，再更新一次，在样本量极大的情况下，可能不用训练完所有的样本就可以获得一个损失值在可接受范围之内的模型。此处的随机是指在每次迭代过程中样本都要被随机打乱，以有效减少样本与样本之间造成的参数更新的抵消问题。该模型的优点是训练速度快；但缺点也很明显，即准确率低，并不是全局最优，不易于并行实现。本次训练的迭代次数是 1000，学习率初值是 0.01，在学习过程中自适应更新，其他训练系数采用默认值。

代码行 5～6 计算并输出模型训练后的预测准确率得分，即判定系数，模型的 score 方法返回的值小于等于 1，它反映了因变量 y 的波动中有多少百分比能被自变量 x 的波动描述，即表示因变量 y 的波动中有多少百分比可通过自变量 x 来解释。得分越高，则线性回归方程的拟合度越高，说明 x 对 y 的解释程度越高，自变量引起的波动占总波动的百分比越高。

代码行 7 分别输出模型训练后的自变量系数和截距，即线性回归方程中的 φ_i 和 φ_0。代码行 8 保存训练后的模型到指定文件，以便随后能及时调用这个训练好的模型。

执行上述代码，结果如图 3-11 所示。

```
score= 0.6894960424699205
coef= [-0.0194601   0.01201478   0.00140476   0.01075342   0.14212067  -0.05438004
 -0.00235599 -0.04570324   0.17732508   0.08125066] intercept= [-0.02278182]

['.\\sava_model\\SGDRegressor.model']
```

图 3-11　模型训练结果

由训练结果可知，模型的预测准确率得分约为 0.689，训练得到的线性回归方程为 $y = -0.02278182 - 0.0194601x_1 + 0.01201478x_2 + 0.00140476x_3 + 0.01075342x_4 + 0.14212067x_5 - 0.05438004x_6 - 0.00235599\ x_7 - 0.04570324\ x_8 + 0.17732508\ x_9 + 0.08125066\ x_{10}$。

3.3.6　任务 3——模型的测试及评估

【任务描述】在模型训练完成后，利用测试集对模型的训练效果进行评估，评估的基本思想如下。

（1）在模型上用测试集 x_test 计算出预测集 y_pred。

（2）计算测试集 x_test 和预测集 y_pred 两者之间的损失误差，此处采用损失 MSE 作为评估模型的指标来评估预测值和真实值之间的差距。

（3）如果评估结果比较理想，就可以利用该模型进行二手车价格的预测；如果评估结果不够理想，可以对模型进一步优化，如增加训练样本的数量、去除一些异常值，或者增加训练样本的特征个数等。

【任务目标】对训练后的二手车价格预测模型进行测试，并评估模型效果。

【完成步骤】

1. 计算损失 MSE

在训练好的模型上用测试集 x_test 得到预测集 y_pred；然后利用测试样本的真实值 y_test 和对应的预测集 y_pred 来计算损失 MSE，以此作为模型的评估标准。实现代码如下。

```
1   model = joblib.load('.\sava_model\SGDRegressor.model')
```

```
2    y_pred = model.predict(x_test)    #得到预测集
3    print('测试集准确率得分 = %.5f'%model.score(x_test,y_test))
4    MSE = np.mean((y_test - y_pred)**2)
5    print('损失 MSE = {:.5f}'.format(MSE))
```

代码行 1 加载前文训练好的模型，代码行 2 得到预测集，代码行 3 计算测试集的准确率得分，代码行 4 计算损失 MSE，此损失值通过代码行 5 输出。代码执行后的结果如图 3-12 所示。

由图 3-12 可以看出，测试集的损失 MSE 约为 0.00253，测试集准确率得分约为 0.66389，说明二手车价格的波动因素中约 66%可由汽车品牌、车身类型等 10 个因素的变化来解释，拟合度还是不错的。

测试集准确率得分=0.66389
损失MSE=0.00253

图 3-12　代码执行后的结果

2. 绘制预测结果图

为直观了解预测效果，观察测试样本的真实值与预测值的整体分布是否趋于一致，对比真实值与预测值的分布折线图的拟合情况。此处利用折线图分别绘制出测试样本的真实值和预测值，据此来观察测试集中每个样本两种价格的变化。绘图代码如下。

```
1    import matplotlib.pyplot as plt
2    plt.rcParams['font.sans-serif'] = ['SimHei']
3    plt.figure(figsize = (9,3))
4    ax1 = plt.subplot(111)
5    x = range(0,len(y_test))
6    plt.plot(x,y_test,'g',label = '真实值',marker = '*',linewidth = 0.5)
7    plt.plot(x,y_pred,'b',label = '预测值',marker = '.',linewidth = 0.5)
8    ax1.set_xlabel('样本序号')
9    ax1.set_ylabel('价格')
10   plt.legend(loc = 'upper right')
11   plt.show()
```

代码行 3 定义画布的长度和宽度分别为 9 英寸和 3 英寸。代码行 4 定义整个图表分为一行一列，ax1 为第一个子图。代行码 5 定义每个测试原本的编号。代码行 6~7 先后绘制出样本的真实值和预测值的分布折线图。预测结果如图 3-13 所示。

图 3-13　预测结果

由图 3-13 可知，2000 个测试样本的真实值和预测值的总体变化趋势一致，但有多处真实值与预测值不重合，说明模型的拟合度还不够，这是为什么呢？原因主要集中在以下几个方面。

（1）异常值对预测结果的影响。由图 3-13 可明显看出，个别点远离其他样本点，这些远离的点有可能是异常值，而线性回归模型的一大缺点就是对异常值很敏感，这会极大影响模型的准确率。

（2）样本集特征值个数过少对预测结果的影响。约 0.66 的准确率得分其实已经说明二手车价格并不完全由上述 10 个特征决定，还有约 34% 的价格波动是由其他因素决定的，如车的配置、车况、过户次数和颜色等，而这些因素本项目没有涉及，故会造成拟合度不够高。

（3）样本的规模对预测结果的影响。本项目的样本只有 10000 个，规模不大，不能较完整地反映预测对象的总体特征，自然对模型训练的稳定性和可靠性有影响。一般来说，样本规模越大，模型的预测准确度越高。

但总体而言，从图 3-13 基本可得出结论：线性回归模型预测的二手车价格与真实价格整体是趋于一致的。这样就可以利用训练好的模型，随时通过提供的二手车信息预测出二手车的价格。当然，这个预测是相对准确的，要想得到更高的预测准确度，还需要考虑如何进一步完善描述二手车的特征数据，并尽可能增大样本的规模，必要时可以考虑选择其他类型的线性回归模型。

3.4 项目 2——预测投保人医疗费用

3.4.1 提出问题

我国农村医疗保险和全民医保制度的全面实施极大地缓解了广大人民群众"看病贵"的问题，一定程度上提高了人民群众的生活质量，也逐渐改变了人们对保险的认识，提高了人们对保险的期望。与此同时，商业保险也被越来越多人接受和认可。医疗保险公司作为一种商业经营实体，对投保人在未来可能产生的医疗费用进行预测，这是医疗保险公司回避风险、提高经营利润的一种保障措施。那如何能得到一个较为精准的医疗费用预测模型呢？数据文件 insurance.csv 中有投保人的特征数据和曾经产生的医疗费用。显然，投保人的特点和医疗费用是密切相关的，因此可以基于这些历史数据，利用机器学习构建一个模型来预测投保人的医疗费用。

3.4.2 解决方案

既然线性回归模型已被证明能用于解决由一个或多个变量引起另一个变量变化的问题，那么可以从投保人的特征数据入手，通过机器学习提供的线性回归模型来寻找医疗费用与投保人特征相关的函数表达式，从而利用所求得的线性回归方程或线性回归模型进行预测和控制。利用线性回归模型解决医疗费用预测问题的解决方案的流程如图 3-14 所示。

图 3-14　解决方案的流程

3.4.3　预备知识

在数据处理过程中，由于一些数据的格式或范围与处理要求不符，因此需要对 pandas 提取的原始数据进行转换、切片等操作，然后开始统计分析工作。

1. DataFrame 数据的检索

pandas 读取数据后返回的数据类型是 DataFrame，DataFrame 的单列数据为一个 Series，相当于一个序列。为方便对 DataFrame 数据进行检索，pandas 提供了 loc、iloc 两种灵活的访问数据的方法。

（1）loc（location，定位）方法

loc 方法是按 DataFrame 索引名称进行切片的方法，该方法的使用格式如下。

```
DataFrame.loc[行索引名称或检索条件,列索引名称]
```

（2）iloc（index location，索引定位）方法

iloc 方法是按 DataFrame 索引位置进行切片的方法，该方法的使用格式如下。

```
DataFrame.iloc[行索引位置,列索引位置]
```

【引例 3-1】切片出所有年龄大于 18 岁的人员的性别和年龄信息。

（1）引例描述

人员的信息如图 3-15 所示，要求筛选出年龄大于 18 岁的人员，然后切片出他们的性别和年龄信息。

图 3-15　人员的信息

（2）引例分析

利用 pandas 的 loc 方法，传入检索条件（年龄大于 18 岁），指定要切片的列名列表（['性别', '年龄']）就能得到相应的切片数据。

（3）引例实现

实现的代码（case3-1.ipynb）如下。

71

```
1    import pandas as pd
2    data = [['张海','男',18],['李霞','女',20],['王君','女',25]]
3    df = pd.DataFrame(data,columns = ('姓名','性别','年龄'))
4    filter_data = df.loc[df['年龄']>18,['性别','年龄']]
```

代码行 3 将二维列表转换成 DataFrame 类型，代码行 4 按条件进行数据切片，切片出的数据 filter_data 如图 3-16 所示。

	性别	年龄
1	女	20
2	女	25

图 3-16　按条件切片出的数据 filter_data

2. DataFrame 数据的更改

图 3-16 中的性别数据是字符串类型的，不便于计算机处理，因此在很多场合需要对原始数据进行更改，以满足数据处理要求。更改 DataFrame 数据的方法是提取这部分数据进行处理，给它们赋新值。

【引例 3-2】将人员信息中的性别"男""女"分别用"1""0"替代。

（1）引例描述

如果将人员的性别作为特征数据来分析，显然"男""女"这种字符串类型的数据不便于计算机统计和处理。因此，需要将它们转换成数值类型，保证数据处理的效率和便捷性。

（2）引例分析

按条件 df['性别']=='男'和['性别']定位数据，然后将它们赋值为 1，基于同样的原理修改女性的性别值。

（3）引例实现

实现的代码如下。

```
df.loc[df['性别'] == '男',['性别']] = 1
df.loc[df['性别'] == '女',['性别']] = 0
```

执行上述代码，修改性别值后的人员信息如图 3-17 所示。

	姓名	性别	年龄
0	张海	1	18
1	李霞	0	20
2	王君	0	25

图 3-17　修改性别值后的人员信息

如果更改数据的条件关系比较复杂，可以使用 pandas 的 apply 方法，对指定范围的元素按 apply 方法里的逻辑函数表达式进行赋值。例如，可将上述代码改写为以下内容以实现相同的功能。

```
1    def xb(x):
2        if x == '男':
3            return 1
4        else:
5            return 0
6    df['性别'] = df['性别'].apply(lambda x:xb(x))
```

代码行 1～5 定义的 xb 函数能实现更复杂的逻辑处理功能，代码行 6 将性别列的数据重置为按不同条件返回的值。

3.4.4 任务 1——加载数据并进行数据预处理

【任务描述】投保人相关的历史数据保存在文件 insurance.csv 中，为保证数据符合模型训练的要求，需要对导入的数据进行清洗和归一化处理，提高数据质量。为此，要新建文件 3-4_task1.ipynb。

【任务目标】清洗并归一化数据。

【完成步骤】

1. 导入相关库并加载数据

利用 pandas 将 CSV 格式的文件读入 DataFrame 类型的变量中，实现代码如下。

```
1    import numpy as np
2    import pandas as pd
3    df = pd.read_csv('data\insurance.csv',header = 0)
```

代码行 3 的 df 变量保存投保人的相关历史数据，内容如图 3-18 所示。

	age	sex	bmi	children	smoker	region	charges
0	19	female	27.900	0	yes	southwest	16884.92400
1	18	male	33.770	1	no	southeast	1725.55230
2	28	male	33.000	3	no	southeast	4449.46200
3	33	male	22.705	0	no	northwest	21984.47061
4	32	male	28.880	0	no	northwest	3866.85520
...	...	...	...	...	...	...	...
1333	50	male	30.970	3	no	northwest	10600.54830
1334	18	female	31.920	0	no	northeast	2205.98080
1335	18	female	36.850	0	no	southeast	1629.83350
1336	21	female	25.800	0	no	southwest	2007.94500
1337	61	female	29.070	0	yes	northwest	29141.36030

1338 rows × 7 columns

图 3-18 相关历史数据

2. 数据清洗和转换

需要对原始样本中的非数值类型数据进行转换，如男性为 1、女性为 0，吸烟为 1、不吸烟为 0，不同地区分别设置为 1、2、3、4 等。将所有用于机器学习的数据都转换成数值类型，可以方便机器学习，实现代码如下。

```
1    df.loc[df['sex'] == 'female','sex'] = 0
2    df.loc[df['sex'] == 'male','sex'] = 1
3    df.loc[df['smoker'] == 'yes','smoker'] = 1
4    df.loc[df['smoker'] == 'no','smoker'] = 0
5    df.loc[df['region'] == 'southwest','region'] = 1
6    df.loc[df['region'] == 'southeast','region'] = 2
7    df.loc[df['region'] == 'northwest','region'] = 3
8    df.loc[df['region'] == 'northeast','region'] = 4
```

上述代码就是利用 pandas 的数据检索和更改方法完成对原始数据的清洗和转换。

3. 数据的归一化处理

为消除数据量纲不同带来的影响，对数据进行归一化处理，实现代码如下。

```
1    from sklearn.preprocessing import MinMaxScaler
2    scaler = MinMaxScaler()
3    scaler.fit(df)
4    df1 = scaler.transform(df)
```

代码行 1 导入 MinMaxScaler 类，利用它进行[0,1]的归一化处理；代码行 2~4 分别创建归一化对象，利用该对象进行训练和原始数据转换。归一化处理后的数据如图 3-19 所示。

```
array([[0.02173913, 0.        , 0.3212268 , ..., 1.        , 0.        ,
        0.25161076],
       [0.        , 1.        , 0.47914985, ..., 0.        , 0.33333333,
        0.00963595],
       [0.2173913 , 1.        , 0.45843422, ..., 0.        , 0.33333333,
        0.05311516],
       ...,
       [0.        , 0.        , 0.56201238, ..., 0.        , 0.33333333,
        0.00810808],
       [0.06521739, 0.        , 0.26472962, ..., 0.        , 0.        ,
        0.01414352],
       [0.93478261, 0.        , 0.35270379, ..., 1.        , 0.66666667,
        0.44724873]])
```

图 3-19　归一化处理后的数据

3.4.5　任务 2——训练和测试医疗费用预测模型

【任务描述】数据准备好后，采用线性回归方法 LinearRegression 来构建医疗费用预测模型，用先验数据对它进行训练，然后测试训练后模型的质量。

【任务目标】训练和测试模型，评估该模型质量是否符合要求。

【完成步骤】

1. 构建线性回归模型

本任务采用线性模型包 linear_model 中的 LinearRegression 类来构建模型，实现代码如下。

```
1    from sklearn.linear_model import LinearRegression
2    model = LinearRegression()
```

代码行 2 中的 model 就是构建的线性回归模型。

2. 准备训练集和测试集

样本集中特征输入数据是 0～5 列，第 6 列是标签值，本任务就是寻求前 5 个自变量与最后一个因变量之间的关系。对样本集按 7∶3 的比例进行拆分，分为训练集和测试集，实现代码如下。

```
1   from sklearn.model_selection import train_test_split
2   train_data = df1[:,[0,1,2,3,4,5]]
3   train_target = df1[:,[6]]
4   x_train,x_test,y_train,y_test = train_test_split(train_data,
    train_target,test_size = 0.3)
```

代码行 1 中的 train_test_split 类能将样本集按比例拆分为训练集和测试集，代码行 2 获取训练输入数据，代码行 3 获取训练目标数据，代码行 4 完成样本集的拆分工作。

3. 模型训练和测试

用训练集和测试集对构建的模型进行训练和测试，看训练后的模型性能如何。实现代码如下。

```
1   model.fit(x_train,y_train)
2   score = model.score(x_test,y_test)
3   intercept = model.intercept_
4   coef = model.coef_
5   print('模型准确率得分%.3f'%score)
6   func_LR = 'y = %.6f'%intercept
7   for i in range(0,coef.size):
8       func_LR+ = ('%+.6fx%d'%(coef[0][i],i))
9   print(func_LR)
```

代码行 1 完成模型的训练工作，代码行 2 得到测试后的模型准确率得分，代码行 3～4 分别得到线性回归方程的截距和系数，然后通过代码行 5～9 输出模型准确率得分和模型对应的线性回归方程。模型准确率得分及线性回归方程如图 3-20 所示。

```
模型准确率得分0.730
y=-0.071588+0.178809x0-0.001653x1+0.213793x2+0.038227x3+0.385987x4+0.018705x5
```

图 3-20　模型准确率得分及线性回归方程

由图 3-20 可知，模型准确率得分为 0.730，表示预测效果还可以。由图 3-20 中的线性回归方程可以看出，在同等条件下，男性比女性可能产生的医疗费用要少一些，经常吸烟者的医疗费用更多一些。且年龄、BMI、是否吸烟等对医疗费用有较大的影响，因为这些特征系数相比其他特征系数更大。其中年龄和 BMI 的特征系数相对较大，这符合现实情况，即随着人的年龄和体重的增加，保险的预期成本会有较大的上升。

4. 预测结果可视化

为更好地观察模型的预测效果，将所有预测值与对应的真实值进行可视化，实现代码如下。

```
1    import matplotlib.pyplot as plt
2    plt.rcParams['font.sans-serif'] = ['SimHei']
3    y_pred = model.predict(x_test)
4    plt.figure(figsize = (8,8))
5    plt.scatter(y_test,y_pred,label = '测试集目标值')
6    plt.plot(y_pred,y_pred,'r',label = '模型预测值')
7    plt.legend(loc = 'upper left')
```

代码行 3 得到测试集的预测值，代码行 5 绘制由各样本的真实值（即测试集目标值）构成的散点图，代码行 6 绘制由预测值构成的线性回归直线，代码行 7 设置图例在左上方显示。预测结果散点图如图 3-21 所示。

图 3-21　预测结果散点图

由图 3-21 可以看出，如果各样本的真实值与预测值相等，则所有的点都应该落在直线上。各点基本在直线周围分布，但也有一定的不均匀性，这与前文模型的准确率得分 0.730 基本吻合，说明模型还有改进的空间。

3.4.6　任务 3——进一步改善模型性能

【任务描述】任务 2 采用线性回归模型来拟合医疗费用，但发现模型的准确率得分和表现不尽如人意，现要求改善模型性能。

【任务目标】对模型进行优化，并应用改进的模型进行医疗费用预测。

【完成步骤】

1．模型改进

对现有样本数据而言，模型的改进可从以下几个方面考虑。

（1）分析样本特征的相关性

线性回归的理想前提是自变量之间不存在相关性或存在弱相关性，并且单独作用于因变量。通过 df.corr 语句查看各自变量之间的相关性，结果如表 3-3 所示。

表 3-3 自变量之间的相关性

	age	sex	bmi	children	smoker	region	charges
age	1.000000	−0.020856	0.109272	0.042469	−0.025019	−0.002127	0.299008
sex	−0.020856	1.000000	0.046371	0.017163	0.076185	−0.004588	0.057292
bmi	0.109272	0.046371	1.000000	0.012759	0.003750	−0.157566	0.198341
children	0.042469	0.017163	0.012759	1.000000	0.007673	−0.016569	0.067998
smoker	−0.025019	0.076185	0.003750	0.007673	1.000000	0.002181	0.787251
region	−0.002127	−0.004588	−0.157566	−0.016569	0.002181	1.000000	0.006208
charges	0.299008	0.057292	0.198341	0.067998	0.787251	0.006208	1.000000

从表 3-3 可以看出，age 与 bmi 的相关性约为 0.11，即存在较大的相关性，这也符合常理，随着人年龄的增加，体重会明显增加。所以对于这种有相互影响且对结果有共同作用的情况，可以考虑添加一个对应的自变量来改变模型的构成。

（2）考虑模型中是否存在非线性变量

线性回归中假定自变量和因变量之间的关系是线性的，但在某些场景下，这种假设是不正确的。在本例中，年龄与医疗费用的支出是一种非线性的关系，人在 45 岁前往往具有较好的健康状态，医疗费用很少，但对于年长的人群，医疗费用可能明显较高。针对这种情况，可以尝试在模型中添加一个非线性的影响因子。

（3）评估连续性变量的影响是否也是连续的

一些连续性自变量对结果的影响往往不是连续的，只是在自变量的值超过阈值时，对结果的影响才较为显著。像本例中的 bmi，在正常范围内其对医疗费用的影响可能为 0，但一旦出现世界卫生组织定义的 bmi≥30 的情况，它可能就与医疗费用密切相关了。因此，针对这种情况，建议将自变量的连续值修改为离散值，或者补充一个离散型的自变量以改善模型。

请读者根据上述建议自行改进模型，下面仅考虑 bmi 和 smoker 的共同作用。添加一个自变量 bmismoker，试着改善模型的性能。为此，在任务 2 的源代码中添加以下语句。

```
def bmi(x):
    if x >= 30:
        return 1
    else:
        return 0
df.insert(6,'bmismoker',df['smoker']*df['bmi'].
apply(lambda x:bmi(x)))
```

上述代码在原样本数据中插入 bmismoker 列，其值为 smoker 列的值乘 bmi 列的离散值。重新执行源代码，模型的测试结果如图 3-22 所示。

模型准确率得分 0.869
$y=0.003227+0.197297x0-0.005146x1+0.019111x2+0.040828x3+0.216667x4+0.017165x5+0.301258x6$

图 3-22 模型的测试结果

相比前一个模型，改进后模型的准确率得分提高到了 0.869，说明此模型能更好地解释医疗费用的变化。由测试结果可知，肥胖吸烟者可能会产生更多的医疗费用。

2. 预测投保人可能产生的医疗费用

根据假设的投保人基本预测该投保人可能产生的医疗费用，并输出包含预测结果的投保人信息，代码信息如下。

```
1  person = {'age':[35],'sex':1,'bmi':[31],'children':[2],'smoker':[1],
   'region':[2],'bmismoker':[1],'charges':[0]}
2  person_df = pd.DataFrame(person)
3  person_data = scaler.transform(person_df)
4  x_person = person_data[:,[0,1,2,3,4,5,6]]
5  y_personPred = model.predict(x_person)
6  person_data[0,7] = y_personPred
7  person_data = scaler.inverse_transform(person_data)
8  print('预测后的投保人信息:',person_data)
9  print('该投保人的预测医疗费用 charges = %.2f'%person_data[0,7])
```

代码行 1 指定该投保人在预测前的医疗费用为 0。代码行 3 对待预测数据进行归一化处理。代码行 5 得到预测的医疗费用 y_personPred，该预测值是归一化值，需要反转得到原始值。代码行 6 将预测前的医疗费用的值替换为预测后的值，然后通过代码行 8～9 依次输出预测后的投保人信息和医疗费用。投保人的预测医疗费用如图 3-23 所示。

```
预测后的投保人信息: [[3.50000000e+01 1.00000000e+00 3.10000000e+01 2.00000000e+00
 1.00000000e+00 2.00000000e+00 1.00000000e+00 4.03245188e+04]]
该投保人的预测医疗费用charges=40324.52
```

图 3-23　投保人的预测医疗费用

模块小结

机器学习是人工智能的技术基础，它离不开经验数据、算法和模型，这也是机器学习的三大构成要素。其中，算法是机器学习的核心，根据机器学习过程中是否具有明确的反馈，可将机器学习算法分为监督学习、无监督学习、强化学习等。线性回归是一种寻找数值类型因变量和自变量关系的监督学习方法，学习目标是找到一个类似于 $y = \beta_0 + \beta_1 x_1 + \beta_2 x_2 + \cdots + \beta_n x_n$ 的函数表达式来解释因变量 y 与自变量 x_i 之间存在的线性关系。在寻找线性回归模型的过程中，可以选用损失函数（如 MSE）来评估模型的预测误差。如何高效找到损失函数的最小值呢？通常采用梯度下降法来尽快找到模型的最优解。项目 1 根据二手车的历史样本数据来预测未来某辆二手车的价格，这是线性回归的典型应用。项目 2 通过投保人相关的历史数据来预测其可能产生的医疗费用，展现了使用线性回归解决业界问题的另一种能力。两个项目都是利用训练集来训练模型，然后通过测试集进一步评估模型的性能，采用可视化方式展示模型的效果。可以看出，整个预测效果还是不错的，这正说明了机器学习的确能帮助人们解决一些问题。

课后习题

一、考考你

1. ＿＿＿＿不是机器学习的构成要素。
   A. 经验数据　　　　B. 模型　　　　C. 目标标签　　　　D. 算法

2. 监督学习与无监督学习最大的区别是＿＿＿＿。
   A. 先验知识　　　　B. 学习算法　　　　C. 学习方法　　　　D. 有无标签

3. 线性回归模型要解决的问题是＿＿＿＿。
   A. 找到自变量与因变量之间的函数关系
   B. 模拟样本数据曲线
   C. 找到数据与时间的变化关系
   D. 尽量用一条直线去拟合样本数据

4. 梯度下降法的目标是＿＿＿＿。
   A. 尽快完成模型训练　　　　B. 寻找损失函数的最小值
   C. 提高算法效率　　　　　　D. 提高模型性能

5. ＿＿＿＿不是 DataFrame 在数据处理方面广泛应用的主要优势。
   A. 支持多类型数据　　　　B. 检索数据灵活
   C. 更改数据方便　　　　　D. 优于矩阵运算

6. 以下不属于监督学习特点的是＿＿＿＿。
   A. 训练数据有标签
   B. 样本的特征已知
   C. 机器学习要人的监督
   D. 学习的目的就是建立一个输入映射到输出的模型

7. 相比监督学习，无监督学习最大的优势是＿＿＿＿。
   A. 学习成本低
   B. 学习需要的样本少
   C. 学习的效果好
   D. 有可能会发现一些未知的模式或新知识

8. 关于损失函数，下列说法正确的是＿＿＿＿。（多选）
   A. 损失函数就是一种反映模型表现的总体误差
   B. 损失函数越大，说明模型性能越好
   C. 不同的模型可能有不同的损失函数表达式
   D. MSE 常用于衡量线性回归模型的性能

9. 用线性回归模型训练样本时，使用的函数的名称是＿＿＿＿。
   A. fit　　　　B. train　　　　C. loss　　　　D. predict

10. 在对机器进行训练前，对样本数据进行归一化处理是为了＿＿＿＿。（多选）
    A. 消除样本不同特征值的量纲影响　　B. 提升机器学习效率
    C. 方便计算　　　　　　　　　　　　D. 提高模型性能

二、亮一亮

1. 采用哪些方案可有效提高预测二手车价格模型的质量？请提出并验证你的想法。

2. 为什么要进行模型的训练、测试和评估？请讨论并阐述你的理由。

三、帮帮我

请尝试采用随机梯度下降回归模型函数 SGDRegressor 来预测投保人可能产生的医疗费用，将预测结果与项目 2 的预测结果进行对比。

提示：用以下语句导入 SGDRegressor 类。

```
from sklearn.linear_model import SGDRegressor
```

模块 ❹ 分门别类：帮你"分而治之"

生活中处处存在分类的情形和场景，如图书馆中图书按类摆放、超市中不同商品分类陈列、邮箱中邮件按正常邮件和垃圾邮件进行分类、医生按检查结果对病人分类进行治疗等。如果有一个新的商品，将它放在哪个货架上更合适呢？如果将它错误分类，可能会导致该商品长期被人遗忘。如果是病人被错误分类，后果可能会非常严重。在企业管理过程中，特别是面对大量数据对象时，合理分类就显得尤为重要，企业根据数据特征对对象进行分类，进而能准确地将某个样本（对象）划分到合适的目标类中，为后续的企业应用做好准备。因此，无论是企业还是我们自己，都要养成良好的分类习惯，形成良好的分类意识，做好分类管控工作，以提高企业治理能力和生活管理水平。

本模块内容导读如图 4-1 所示。

图 4-1　模块 4 内容导读

4.1　分类器

4.1.1　什么是分类器

在理解分类器（Classifier）如何工作前，需要了解什么是分类器。人们在看到不认识的花时，会情不自禁地想知道它是哪一种花；在动物园看到没见过的动物时，也想知道这种动物的名称；气象研究人员想利用云层图像的颜色、形状等特征来判断天气（晴天、多云还是雷雨）；电子邮箱会根据电子邮件的标题和内容来区分垃圾邮件和正常邮件。在生活和工作中，人们经常会察异辨物，判别一个事物的种类，看它到底属于哪种类型，这就是人工智能领域的分类问题。分类是人工智能的一种重要方法，是在已有数据的基础上通过学习得出分类函数或构造出分类模型，该函数或者模型就是一个能完成分类任务的人工智能系统，即通常所说的分类器。由此可见，分类是数据挖掘、智能分析中的一种非常重要的方法，利用分类器能够把数据映射到给定类别中的某一个类别，从而提供对数据有价值的观察视角，帮助机器更好地理解数据和预测数据。

4.1.2 分类器如何工作

通过分类器来完成分类工作的一般过程如图 4-2 所示。

图 4-2 分类器的一般工作过程

（1）样本特征提取。样本特征提取是分类器的首要工作任务，如果没有对待分类对象提取特征，也就没有分类的依据，就无从辨别对象的种类。在生活中，人们往往根据对象的特点或独特的属性来区分它们。例如，要识别一个动物是否是大象，将动物的身高、鼻子长度和耳朵大小作为特征，就更容易辨别。针对不同的待分类对象，要想让人工智能具备较高的识别率，就需要根据对象本身的特点综合考虑关联对象的差异，提取出有效的特征，让分类器准确工作。

（2）正、负样本。针对分类问题，正样本是指想要正确分出的类别所对应的样本，负样本是指不属于这一类别的样本。例如，要对一张图像进行分类，以确定其是否包含人脸，那么在训练的时候，含有人脸的图像为正样本，原则上负样本可以选取任何不含人脸的其他图像，这样就可以训练出一个人脸分类模型。但在选取负样本的时候，比较合理的情况是考虑实际应用场景，如要识别进入校园的人脸，那么校园门口的汽车、窗户、墙壁、树木等都可以是负样本，这些物体和人脸常常在同一张图像中出现，但它们的特征和人脸特征却有较大的差异。这样训练出来的分类模型才可能有较高的识别率。

（3）分类器。分类器通过学习得到一个目标函数或模型（以下统称为模型），它能把样本的特征集 X 映射到一个预先定义的类别号 y。因此，可以把分类器看作一个黑盒子，它的任务就是根据输入特征集 X 来输出类别号 y，如图 4-3 所示。

图 4-3 分类器的任务

那么，分类器主要利用哪些学习算法来确定分类模型呢？要知道这个问题的答案，需要了解常用分类器的基本工作原理。

4.2 几种主要的分类器

4.2.1 决策树

顾名思义，决策树（Decision Tree）是用于决策的一棵"树"，它从根节点出发，通过决策节点对样本的不同特征进行划分，按照结果进入不同的选择分支，最终到达某一叶子节点，获得分类结果。图 4-4 所示为一个简单的垃圾邮件分类决策树。

图 4-4　垃圾邮件分类决策树

上述决策树对邮件的标题、内容分词和内容分词频率分别进行评估，然后进入不同的选择分支，最终完成分类。可见，决策树的层次结构构建过程是按照样本特征的优先级或重要性确定的，其叶子节点尽可能属于同一类别。决策树常用于基于规则的等级评估、比赛结果预测和风险研判等。

4.2.2　贝叶斯分类器

在一些应用中，特征集和类别号之间的关系是不确定的，也就是说，很难通过一些先验知识直接预测特征集的类别号。这种情况产生的原因可能是多方面的，如噪声、主要变量的缺失等。对于这类特征集与类别号之间的关系是不确定的求解问题，可以将其视为一个随机过程，使用概率论来分析。例如，不能直接预测随意一次投币的结果是正面（类 1）还是反面（类 0），但可以计算出它是正面或反面的概率。贝叶斯分类器（Bayes Classifier）就是利用贝叶斯定理，求解给定的分类项在预先给定条件下在各类别中出现的概率，哪个概率最大，就将其划分为哪个类别。贝叶斯定理公式如下。

$$P(Y|X) = \frac{P(X|Y)P(Y)}{P(X)}$$

对上式的解释是：X、Y 是一对随机变量，X 出现的前提下 Y 发生的概率 $P(Y|X)$，等于 Y 出现的前提下 X 发生的概率 $P(X|Y)$ 与 Y 出现的概率 $P(Y)$ 的乘积再除以 X 出现的概率 $P(X)$。仍以垃圾邮件过滤为例，使用贝叶斯分类器，通过考虑关键词在邮件中出现的概率来判定垃圾邮件。假设收到一封由 n 个关键词组成的邮件 E，$x=[1,0]$ 中的 1 和 0 分别表示正常邮件和垃圾邮件，那么就可以通过比较这 n 个关键词出现在以往邮件中的正常邮件概率 $P(x=1|E)$ 和这 n 个关键词出现在以往邮件中的垃圾邮件概率 $P(x=0|E)$ 的大小来判定该邮件是否为垃圾邮件。如果 $P(x=1|E) > P(x=0|E)$，则为正常邮件，否则为垃圾邮件。

该例对应的贝叶斯定理如下。

$$P(x=1|E) = \frac{P(E|x=1)P(x=1)}{P(E)}$$

$$P(x=0|E) = \frac{P(E|x=0)P(x=0)}{P(E)}$$

上式中的 $P(x=1)$ 和 $P(x=0)$ 可以根据邮箱中正常邮件和垃圾邮件的个数计算出来，而 $P(E)$ 的计算基于贝叶斯分类假设，即所有的特征变量（关键词）都独立作用于决策变量，因此有如下等式成立。

$$P(E) = P(E_1) \times P(E_2) \times \cdots \times P(E_i) \times P(E_n)$$

式中的 $P(E_i)$ 表示所有邮件中关键词 E_i 的概率，有了 $P(E)$、$P(x)$ 的值，就能计算出 $P(x|E)$ 的值。由于贝叶斯分类器有坚实的数学基础作为支撑、模型参数较少、对缺失数据不敏感、分类效率稳定，因此其在文本分类、图像识别和网络入侵检测等方面得到了广泛应用。

4.2.3　k 近邻分类器

把每个具有 n 个特征的样本看作 n 维空间中的一个点，对于给定的新样本，先计算该点与其他点的距离（相似度），然后将新样本指派为周围 k 个最近邻的多数类，这种分类器称为 k 近邻（k-Nearest Neighbor，KNN）分类器。该分类器的合理性可以用人们的常规认知来说明：判别一个学生是否爱玩游戏，可以从跟他走得最近的 k 个人来判断；如果这 k 个人中多数爱玩游戏，那么可以判定他也爱玩，否则判定他不爱玩。图 4-5 表示求待分类样本 x 的类别。

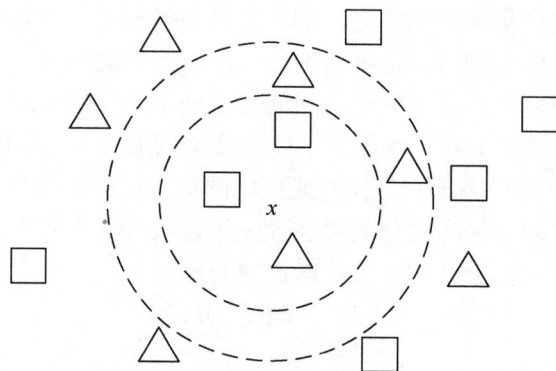

图 4-5　求待分类样本 x 的类别

由图 4-5 可知，如果取 $k=3$ 个最近邻，则 x 被指派为正方形类；如果取 $k=5$ 个最近邻，则 x 被指派为三角形类。由此可见，k 的取值对分类结果是有影响的。另外，当样本数据较大时，计算相似度所消耗的时间和空间较多，导致分类效率低。还有，从图 4-5 可以看出，采用多数表决方法来判断 x 的类别是没有考虑与 x 不同距离的近邻对其影响的程度的。显然，一个远离 x 的近邻对 x 的影响是要弱于离它近的近邻的。尽管 KNN 分类器有上述缺点，但该分类器是基于具体的训练集进行预测的，不必为训练集建立模型，还可以生成任何形状的决策边界，从而提供灵活的模型表示，因此其在数字和图像识别等方面得到了较好的应用。

4.2.4   支持向量机

支持向量机（Support Vector Machine，SVM）的基本思想是，通过非线性映射 φ 把样本空间映射到一个高维的特征空间，将原本样本空间线性不可分的问题转化成在高维空间通过线性超平面将样本完全划分开的问题。例如，在图 4-6 中，二维空间的样本无法线性划分，但通过映射到三维空间，可以用一个平面将这些样本完全划分开。

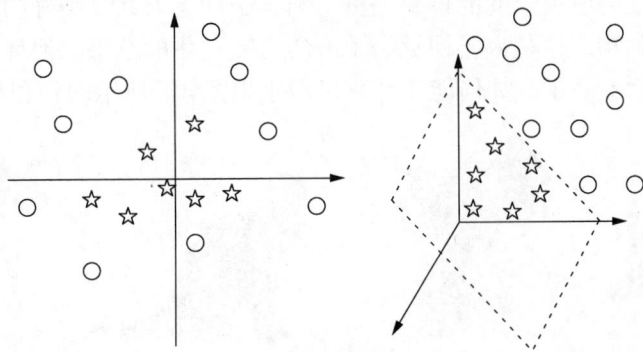

图 4-6   升维后变成线性可分

SVM 是一种有坚实统计学理论支撑的机器学习方法，其最终的决策函数只由位于超平面附近的几个支持向量决定。该方法不仅算法简单，而且具有较好的健壮性，特别适合解决样本数据较少、先验干预少的非线性分类、回归等问题。

4.2.5   神经网络

神经网络（Neural Network）由输入层、隐藏层和输出层构成，它通过模仿人脑神经系统的组织结构及其某些活动机理来呈现人脑的许多特征。其基本结构如图 4-7 所示。

图 4-7   神经网络基本结构

图 4-7 中每个节点代表一个神经元，节点之间的连线对应权重值 w，输入变量 x 经过神经元时被激活函数 φ 赋予权重并加上偏置，将运算结果传递到下层网络的神经元。在输出层中，神经元对各个输入进行线性加权求和，并经符号函数 sgn 处理，最后给出输出值 y。若该神经网络用于分类，在检验阶段，如果 $y_i = \max\left(y_1, y_2, \cdots, y_p\right)$，则该预测样本为第 i 类的可能性最大，即判定该样本属于第 i 类。

项目 1——识别猫狗

4.3 项目1——识别猫狗

4.3.1 提出问题

猫和狗是人类亲近的动物朋友，它们性格温顺、忠实，容易与人建立深厚的情感，往往会成为家庭的重要一员，与孩子和老人共享美好的时光。人类可以很容易识别身边的猫和狗，这是人类视觉经千万年演变进化的结果。但计算机识别一个图像上的猫和狗就不那么容易了。如何能让计算机识别出图 4-8 所示的猫和狗呢？

图 4-8 含有猫和狗的图像

本项目将利用 KNN 分类器来帮助计算机识别猫、狗，将各图像中的动物分类到猫和狗这两个类别中。

4.3.2 解决方案

如 4.2.3 小节所述，KNN 分类器是一种非常简单的分类器，其核心思想是：如果一个样本在特征空间中的 k 个最近邻中的多数属于某个类别，则该样本也属于这个类别。通常采用欧氏距离来计算两样本之间的距离，并据此找到某样本的 k 个最近邻。识别图像上猫、狗的解决方案的流程如图 4-9 所示。

图 4-9 解决方案的流程

4.3.3 预备知识

识别图像上的猫或狗首先涉及对图像的处理，需要尽量让动物与背景分离开，以获得较好的动物识别特征，其次要了解如何利用现成的开发包来使用 KNN 分类器。下面介绍相关知识和操作。

1. 图像灰度化

图像灰度化简单来说就是让图像像素点矩阵中的每一个像素点都满足 $R=G=B$（这 3 个值相等），此时的这个值叫作灰度值。这样每个像素点的颜色不需要用 3 个值来表示，只需用一个灰度值表示，这不仅能大大减少计算量，而且能保留相关信息。PIL（Python Image Library，Python 图像库）提供了图像切片、旋转、差值、滤波和写文字等许多功能。PIL 在 Python 3.x 中已是标准库，可以通过以下命令安装。

```
pip3 install pillow
```

【引例 4-1】用 PIL 完成图像灰度化。

（1）引例描述

将彩色图像 cat.png 缩小后灰度化显示，并保存为 cat_gray.png，如图 4-10 所示。

图 4-10 原图像和转换后的图像

（2）引例分析

导入 PIL 后，读取图像并创建一个图像对象，然后改变图像的大小和灰度，最后将转换后的图像显示并保存。

（3）引例实现

实现的代码（case4-1.ipynb）如下。

```
1  from PIL import Image
2  img = Image.open('./data/cat.jpg')
3  img = img.resize((136,91),Image.LANCZOS)
4  img = img.convert('L')
5  img.show()
6  img.save(r'data\cat_gray.jpg')
```

代码行 2 是打开目标图像，并返回一个图像对象 img。代码行 3 是采用 LANCZOS 插值算法缩小图像尺寸至 136 像素×91 像素，其中过滤器主要采用以下两种算法之一。

① Image. LANCZOS：插值算法。

② Image.Resampling.LANCZOS：重采样插值算法。

代码行 4 是将缩小后的图像灰度化，将原来一个像素点的 R、G、B 这 3 个值转换成 1 个灰度值。

2. 欧氏距离

用 KNN 算法计算两个样本之间的距离，以此来判定某个样本周围哪些邻居与它最近或者是最相似。欧氏距离计算公式如下所示。

$$\text{dist}(X,Y) = \sqrt{\sum_{i=1}^{n}(x_i - y_i)^2}$$

点 X 与点 Y 之间的欧氏距离等于各特征值之差的平方和的算术平方根。

3．KNN 算法的主要参数

运用 KNN 算法进行分类时，合理调整算法参数可以有效提升分类精度。KNN 算法的主要参数如表 4-1 所示。

表 4-1　KNN 算法的主要参数

参数	含义	备注
n_neighbors	周围的邻居数。显然该值过大或过小都不好，可以尝试多次取值	如果训练集较小，可选择训练集样本数量的平方根，一般为奇数
weights	近邻的权重。一般来说距离预测目标更近的近邻具有更高的权重，因为较近的近邻比较远的近邻更有投票权	一般权重和距离成反比
p	距离度量方法	有曼哈顿距离、欧氏距离等。常用欧氏距离

4．分类性能度量指标

在介绍分类性能度量指标之前，介绍以下 4 个基础概念，其分布如表 4-2 所示。

（1）真正（True Positive，TP）：被模型预测为正的正样本。

（2）假正（False Positive，FP）：被模型预测为正的负样本。

（3）假负（False Negative，FN）：被模型预测为负的正样本。

（4）真负（True Negative，TN）：被模型预测为负的负样本。

表 4-2　4 个基础概念的分布

	True	False
Positive	TP	FP
Negative	TN	FN

由表 4-2 可以看出，True 列是正确分类的结果，False 列是错误分类的结果。因此，常用以下指标来度量分类性能。

（1）准确率

$$Accuracy = \frac{TP + TN}{TP + TN + FP + FN}$$

准确率（Accuracy）是指在所有样本中被正确预测的样本的比例。

（2）精确率

$$Precision = \frac{TP}{TP + FP}$$

精确率（Precision）是指被预测为正的样本里真正的正样本所占的比例。

（3）召回率

$$Recall = \frac{TP}{TP + FN}$$

召回率（Recall）是指被正确预测的正样本占所有正样本的比例，即在所有正样本中有多少被正确找出来。

（4）F1 值

$$\frac{2}{F1} = \frac{1}{Precision} + \frac{1}{Recall}$$

F1 值是精确率和召回率的调和值。由上式不难看出，精确率和召回率两者中只要有一个较小，F1 值就小，只有当两者均较大时，F1 值才可能最大。F1 值越大，表明精确率和召回率都同时越高，这时无论对于正样本还是负样本，模型均有很好的表现。

4.3.4 任务 1——将图像信息转存为向量

【任务描述】为方便机器学习含有猫或狗的图像，可选的一种方法是先将图像变换成灰度图像，然后将灰度图像上的 n 个像素点（即图像特征值）存放在一个 $1×n$ 的数组中并转存为向量形式，为后续模型的训练做好数据准备。为此，要新建文件 4_task1.ipynb。

【任务目标】将图像上的特征值提取出来保存到向量中。

【完成步骤】

1. 导入相关的库

因为涉及文件操作、图像处理和数据处理，所以要在源程序文件中导入 os 库和 Image 模块，代码如下。

```
1   import os
2   from PIL import Image
3   import numpy as np
```

2. 定义转换函数 img2array

定义转换函数 img2array，该函数首先将图像进行缩放和灰度化处理，然后将图像上每个像素点的灰度值转换成一个一维的向量。函数源代码如下。

```
1   def img2array(imgfile,size = (32,32)):
2       img = Image.open(imgfile)
3       img = img.resize((size[0],size[1]),Image.LANCZOS)
4       img = img.convert('L')
5       np_img = np.asarray(img)
6       vect = np_img.reshape((1,size[0]*size[1]))
7       return vect[0]
```

上述代码中，代码行 5 将图像的像素灰度值转换成数组，代码行 6 将数组改变为一行多列的形状，代码行 7 将灰度图像数据以一维单行的形式返回。

3. 调用函数生成向量

通过如下形式调用 img2array 函数，将一张猫的图像信息转存为向量形式。

```
dataOne = img2array('./data/cat.jpg')
```

代码执行后向量的内容如图 4-11 所示。

```
array([ 55,  60,  64, ...,  99,  97, 106], dtype=uint8)
```

图 4-11　保存灰度图像信息的向量内容

从图 4-11 可以看出，图像的像素点特征值转换为了向量形式，方便后续对所有图像的特征值采样，以生成训练样本和测试样本。

4.3.5　任务 2——批量生成样本数据

【任务描述】由于所有训练和测试用的图像都存放在相应的文件夹中，为批量生成训练样本和测试样本，需依次调用任务 1 中定义的函数 img2array，将所有图像对应的向量数据和标签分别保存到数据集和标签集中，为模型的训练测试做好数据准备。

【任务目标】将文件夹中所有的图像转换成模型所需的样本数据。

【完成步骤】

1．生成所有样本的特征值和标签值

所有训练用的图像和测试用的图像分别保存在 train、test 文件夹中，因此需要定义一个函数 convert2dataset 将文件夹中所有的图像信息转换成样本的特征值及对应的标签值，代码如下所示。

```
1  def convert2dataset(file_path,size = (32,32)):
2      list_file = os.listdir(file_path)
3      file_num = len(list_file)
4      datas = np.zeros((file_num,size[0]*size[1]))
5      labels = []
6      for i in range(file_num):
7          animal_name = list_file[i].split('_')[0]
8          label = 0 if animal_name == 'cat' else 1
9          labels.append(label)
10         datas[i,:] = img2array(os.path.join(file_path,list_file[i]),
size = size)
11     return datas,labels
```

代码行 2 列出 file_path 文件夹中所有图像的文件名；代码行 4 定义一个 file_num×1024（默认）的数组，每行用来保存每个文件的特征值；代码行 5 定义所有样本的标签值；代码行 9 将猫（标签为 0）或狗（标签为 1）的标签存放在变量 labels 中。代码行 10 调用 img2array 函数，将文件夹中的每个图像转换成数组 datas 中的一个元素。所有样本的特征值和对应的标签值通过代码行 11 返回。

接下来就可以通过以下语句生成训练样本数据和测试样本数据了。

```
x_train,y_train = convert2dataset('./data/train/')
x_test,y_test = convert2dataset('./data/test/')
```

2．样本数据的归一化处理

为消除量纲影响、有效提升模型的训练速度、增强模型训练效果，有必要对样本数据

进行归一化处理。根据离差标准化计算公式，按列对样本数据进行缩放。代码如下所示。

```
x_train = (x_train-np.min(x_train,axis = 0))/(np.max(x_train,axis = 0)
-np.min(x_train,axis = 0))
x_test = (x_test-np.min(x_test,axis = 0))/(np.max(x_test,axis = 0)
-np.min(x_test,axis = 0))
```

4.3.6 任务 3——构建 KNN 模型

【任务描述】有了样本数据，下一步就要构建一个 KNN 模型，用于对猫、狗图像按 0、1 进行分类。

【任务目标】构建一个 KNN 模型，为后续的猫、狗识别做好准备。

【完成步骤】

1. 导入 KNN 类

导入模块 sklearn.neighbors 中的 KNeighborsClassifier，代码如下。

```
from sklearn.neighbors import KNeighborsClassifier
```

2. 构建分类模型

利用 KNeighborsClassifier 类生成 KNN 模型对象，代码如下。

```
knn = KNeighborsClassifier(n_neighbors = 43,weights = 'distance',p = 2)
```

上述代码定义了 KNN 模型 knn，模型中参数 n_neighbors =43（采用训练样本数量的平方根的一半），p=2 表示使用欧氏距离来计算样本相似度，weights='distance'表示权重与距离成反比，即更近的近邻有更高的权重。

4.3.7 任务 4——训练 KNN 模型

【任务描述】有了模型 knn 后，必须对它进行训练，以便让它"认识"哪些图像是猫（0）、哪些是狗（1）。不同的图像具有不同的特征，需要通过训练让模型具有能辨别出图像上的动物是猫或狗的能力。

【任务目标】能利用样本数据对构建的 KNN 模型进行训练，并对训练结果进行简单的评估。

【完成步骤】

1. 用训练集 x_train、y_train 来训练模型

调用 fit 方法对模型进行训练，代码如下。

```
knn.fit(x_train,y_train)
```

上述代码实际上就是让模型"记住"每个样本的特征值对应的是哪个动物标签，经过大量样本的反复训练，模型就知道靠哪些特征值来识别猫或狗了。

2. 对训练后的模型进行评估

为了解该模型训练后的效果，可以从精确率方面进行评估，执行以下代码。

```
knn.score(x_train,y_train)
```

执行结果为 1.0。

执行结果表明模型能百分之百地识别出猫或狗，说明模型的训练效果很好。接下来要用测试数据进一步对训练后的模型效果进行评估。

4.3.8 任务 5——评估模型效果

【任务描述】尽管模型在训练过程中能全部正确识别出猫或狗，但训练后的模型面对新的样本时还能表现出优异的性能吗？这还有待进一步的测试，以便了解训练后模型的泛化能力和稳定性。

【任务目标】对训练后的模型进行测试，了解模型各项性能指标。

【完成步骤】

1. 测试模型性能

测试模型性能就是基于测试样本用训练后的模型来预测对应的分类标签值 y_pred，并将其与真实的标签值 y_test 进行对比，以验证模型的精确率、召回率和 F1 值等性能指标。代码如下。

```
1   from sklearn.metrics import classification_report
2   y_pred = knn.predict(x_test)
3   print(classification_report(y_test,y_pred))
```

代码行 1 导入 classification_report 类，代码行 2 对模型进行测试，代码行 3 输出模型性能测试报告，报告内容如图 4-12 所示。

	precision	recall	f1-score	support
0	0.62	0.51	0.56	70
1	0.59	0.69	0.63	70
accuracy			0.60	140
macro avg	0.60	0.60	0.60	140
weighted avg	0.60	0.60	0.60	140

图 4-12　模型性能测试报告

由图 4-12 可以看出，140 个测试样本中，平均精确率为 60%，猫（0）、狗（1）的召回率分别为 51%、69%，说明测试样本中有高达 49% 的猫、31% 的狗没有被正确识别出来。为进一步了解导致预测性能不理想的原因，以猫（0）为例对其预测结果进行统计分析，代码如下。

```
1   sum = 0
2   for j in range(70):
3       if(y_test[j]! = y_pred[j]):
4           print('{}[{}]->{}'.format('cat',j,'dog'),end = '\t')
5           sum += 1
6   print('cat 错分{:.2f}'.format(sum/70.0))
```

代码行 1 定义错分的总数。代码行 2 遍历 70 个猫的样本。代码行 3 进行判断，如果预测值与真实值不相等，则通过代码行 4 分别输出样本名称、样本序号和错分样本名称。猫被错分的情况如图 4-13 所示。

cat[0]->dog	cat[3]->dog	cat[4]->dog	cat[6]->dog	cat[7]->dog	cat[8]->dog	cat[9]->dog
cat[11]->dog	cat[12]->dog	cat[13]->dog	cat[15]->dog	cat[18]->dog	cat[22]->dog	cat[25]->dog
cat[26]->dog	cat[28]->dog	cat[29]->dog	cat[30]->dog	cat[32]->dog	cat[33]->dog	cat[34]->dog
cat[36]->dog	cat[39]->dog	cat[40]->dog	cat[41]->dog	cat[43]->dog	cat[44]->dog	cat[45]->dog
cat[47]->dog	cat[52]->dog	cat[57]->dog	cat[65]->dog	cat[66]->dog	cat[67]->dog	cat错分0.49

图 4-13　猫被错分的情况

由图 4-13 可以看出，序号 0、3、4、…、66、67 共 34 只猫被错分为狗，什么情况会导致这个结果呢？不妨先看一下序号为 4 的猫的原始图像，如图 4-14 所示。

图 4-14　序号为 4 的猫的原始图像

由图 4-14 可以看到，此图像中含有多只猫，让机器"理解"为一只猫的确有些困难。因此，观察所有被错分猫的原始图像不难得出这样的结论：当某类样本数量稀少时会导致模型学习深度不够，而样本质量不高也会影响模型的识别准确率。

2. 通过交叉表了解模型的错分情况

为更全面地了解所有猫、狗的识别情况，可以通过计算标签的真实值与预测值的交叉表来详细了解猫、狗被错误分类的整体分布情况。执行以下代码以生成混淆矩阵。

```
1    import pandas as pd
2    pd.crosstab(y_test, y_pred, rownames = ['真实值'], colnames = ['预测值'],
     margins = True)
```

上述代码生成测试集的实际值与预测值分类结果对比交叉表，如图 4-15 所示。

预测值 真实值	0	1	All
0	36	34	70
1	22	48	70
All	58	82	140

图 4-15　分类结果对比交叉表

所有正确预测的结果都在对角线上，其他都是被错分的。以猫（0）样本为例，被正确识别出来的有 36 个样本，其他 34 个样本被错误地识别为狗（1）。通过交叉表能一眼看出模型在哪些方面还存在不足，从而采取相应的措施（如增加相应的样本数量、提高样本质量、调整模型参数、选择其他分类器等）来解决预测结果不理想的问题。

4.3.9　拓展任务

细心的读者可能会想，还有没有办法进一步提高 KNN 模型识别猫、狗的能力呢？另外，是否可以用类似的方法来识别其他动物呢？答案显而易见是肯定的。

1. 调整模型参数 k 来改善模型性能

影响模型预测效果的因素很多，如训练样本的数量和质量、样本的多样性、模型的参数等，其中模型的参数是重要的影响因素。下面就以调整近邻数 k 为例来介绍参数对模型性能的影响。

为找到合适的参数 k，可以采用区间搜索算法来观察不同 k 值对训练样本和测试样本预测精度的影响情况。先用如下代码计算出 k 在区间[1,23]对应的 5 折交叉验证训练样本精度和测试样本精度。

```
1  from sklearn.model_selection import validation_curve
2  param_name = 'n_neighbors'
3  param_range = range(1, 24) #对应 k 值
4  train_scores,test_scores = validation_curve(
       KNeighborsClassifier(),x_train,y_train,cv = 5,
       param_name = param_name,param_range = param_range,
        scoring = 'accuracy')
5  train_scores_mean = np.mean(train_scores, axis = 1)
6  test_scores_mean = np.mean(test_scores, axis = 1)
```

代码行 1 导入交叉验证函数。代码行 2 定义 KNN 模型的参数名称。代码行 3 定义参数 n_neighbors 的遍历范围（此处取训练样本总数 560 的平方根 23）。代码 4 执行交叉验证，分别返回训练集、测试集的得分。代码行 5～6 分别计算每次 5 折交叉验证的平均得分。

当样本量比较大时，上述计算可能会持续一段时间。计算完毕后，为直观地展现 k 值变化对模型预测精度造成的影响，可利用以下代码绘制出对应的折线图。

```
1  import matplotlib.pyplot as plt
2  plt.rcParams['font.sans-serif'] = ['SimHei']
3  plt.plot(param_range,train_scores_mean, color = 'red', label = 'train')
4  plt.plot(param_range,test_scores_mean, color = 'green', label = 'test')
5  plt.legend()
6  plt.xlabel('k 的取值')
7  plt.ylabel('平均准确率')
8  plt.show()
```

代码行 2 通过运行配置参数让 Matplotlib 支持在图表上输出汉字，代码行 3～4 分别绘制模型训练样本准确率和测试样本准确率，代码行 5 在图表上显示图例。运行结果如图 4-16 所示。

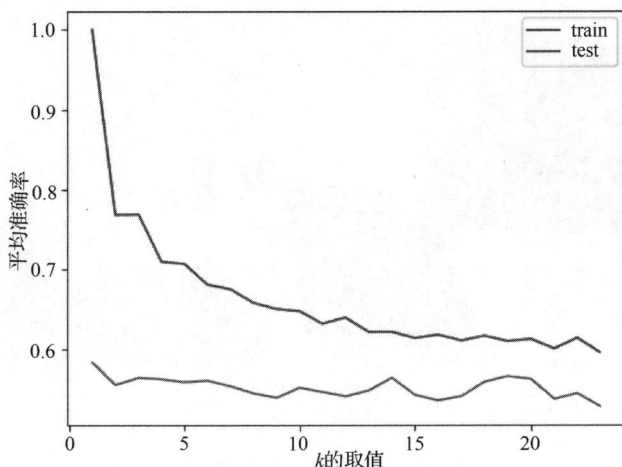

图 4-16 不同 k 值对模型准确率的影响

观察图 4-16 可以发现，k 值的变化对训练样本、测试样本的准确率都有影响，但训练样本的准确率波动的幅度较大。当 $k=3$ 时，两类样本的准确率均达到最大，因此 $k=3$ 是比较合适的。读者可以自行调整任务 3 中模型参数 n_neighbors =3，然后重新观察模型的测试效果。读者也可以从调整模型的其他参数入手，尝试改善模型的性能。

2. 识别手写数字

利用与识别猫、狗相同的方法，将手写的数字另存为图像，然后按照任务 1 的步骤将数字图像转存为向量，再参考任务 2～任务 5，对手写数字进行识别和模型性能评估，以完成利用 KNN 模型来识别手写数字的任务。

4.4 项目 2——辅助诊断乳腺癌

4.4.1 提出问题

随着人们生活水平的提升和健康意识的增强，定期进行身体健康检查已成为常态。这种早期的疾病检测和筛查可以让人们及早发现身体里已经出现的异常体征信息，帮助医生做出正确诊断并采取有效的处理措施，将疾病消灭于萌芽时期，同时为人们的健康提供超前保障，使人们避免患病的痛苦并且能及早提醒人们纠正不良的生活习惯等。随着医疗 AI 在医疗领域投入使用，智慧医疗科技的新纪元已经开启，借助"人工智能大脑"，AI 赋能医疗正在到来，如图 4-17 所示。利用 AI 探索生命科学是当前人工智能医学的一大热点。基于大数据、云计算、机器学习和深度学习的 AI 正在弥补人类的能力短板，成为医生的得力助手。传统的医疗诊断中，医生只能通过肉眼观察 X 光、CT（Computed Tomography，计算机断层扫描）、超声波、MR（Magnetic Resonance，磁共振）等的影像，并给出诊断结论，过程烦琐且重复工作多。而现在 AI 辅助诊断技术的应用能够很大程度地提高医疗机构、医生的工作效率，降低医生的工作强度，降低漏诊率。那么，AI 是如何辅助医生进行病情诊断的呢？下面就以另一类分类器 SVM 为例介绍如何利用女性的活检数据检测号称女性"头号杀手"的乳腺癌。

项目 2——辅助诊断乳腺癌

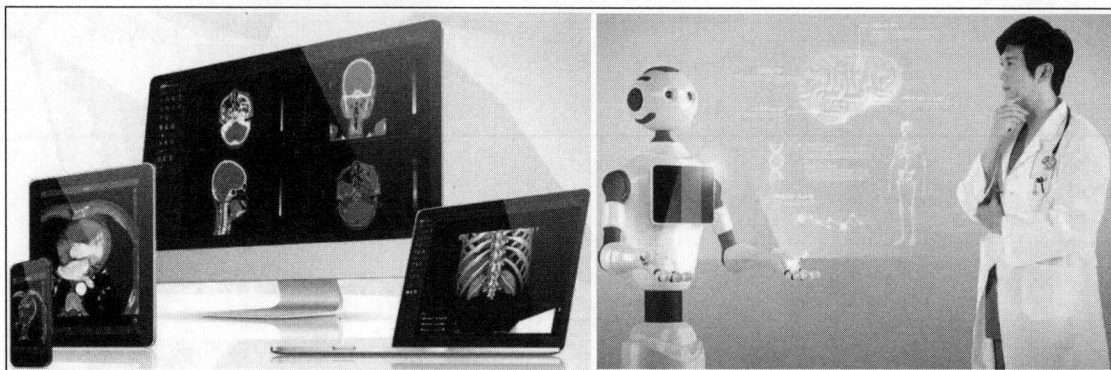

图 4-17　AI 赋能医疗

4.4.2　解决方案

SVM 特别适合样本相对较少、样本特征数较多的应用场景。从患者体内通过切取、钳取或穿刺等方式取出病变组织，进行病理学检查得到的活检数据不像其他数据那样容易获取，而且获取成本比较高，甚至可能涉及患者的隐私等。如果能借助机器学习自动识别癌细胞是良性的还是恶性的，那无论对医生还是医疗系统都会大有裨益，至少能显著缩短诊断时间，为患者争取更多宝贵的治疗时间，使医生将更多时间花在治疗疾病上。利用 SVM 辅助诊断乳腺癌的解决方案的流程如图 4-18 所示。

图 4-18　利用 SVM 辅助诊断乳腺癌的解决方案的流程

4.4.3　预备知识

用 SVM 智能识别癌细胞无疑是令人兴奋的。为能在后续的工作中合理设计 SVM 模型，先介绍相关的知识。

1. SVM 的最优分界面

假设有两个分类的数据的分布如图 4-19 所示。现在要找出最优分界面 H，将两类数据分开。显然能将两类数据分开的分界面有无数种，图 4-20 展示了其中的几种。

分界面 H1、H4 靠近样本族群的边界，称为临界分界面。那么哪个分界面是最优的呢？人们希望得到的最优分界面能准确地将两类数据分开，并且到临界分界面的距离最大，这样尽管训练样本中可能存在个别噪声样本和离群样本，但由于最优分界面远离族群，因此仍能在一定范围内正确分类这些噪声样本或离群样本，具有较强的抗噪声能力和较小的泛化误差。临界分界面上的样本（如样本 1、7、10）被称为支持向量，H0 则是最优分界面，因为它到临界分界面的距离最大，显然 H0 是由支持向量决定的，这也是 SVM 名称的由来。

图 4-19　数据分布　　　　　　　　　图 4-20　几种分界面

2. SVM 模型参数

在很多情况下，样本变量之间的关系是非线性的，在低维输入空间无法将两类样本通过分界面分开。SVM 为了更好地将左半部分的两类样本分开，使用一种称为核技巧的处理方式将上述样本映射到一个更高维的空间，即通过核函数 $K(x,y)$ 将输入空间样本变换到高维输出空间，这样原本不是线性可分的样本就变得线性可分了，如图 4-21 所示。这有些类似于换一个新的视角看数据，可以看到不一样的情形。

图 4-21　通过核技巧将样本变得线性可分

核函数有多种形式，通常情况下需要在模型上一点点地试错并评估应用效果。在很多场合，核函数的选择可以是任意的。尽管不同的核函数所表现的性能可能只有轻微的差别，但较常使用核函数 rbf，它被证明对于许多类型的数据都具有较好的拟合度。表 4-3 所示为 SVM 模型的常用参数及其含义。

表 4-3　SVM 模型的常用参数

参数	含义	备注
kernel	核函数，有线性 linear、多项式 poly、径向基 rbf、sigmoid 等	常用 rbf
C	惩罚参数，C 越大，对误分类的惩罚越大，训练误差越小，但泛化能力较弱；C 越小，对误分类的惩罚越小，训练误差越大，但泛化能力较强	一般 C 在[0.5,1]范围内取值，可以采用交叉验证方法选最优值
gamma	核函数参数	仅对 poly、rbf 和 sigmoid 有效

3．数据集解读

本项目所用的数据集是由美国威斯康星大学的研究者公开捐赠的。该数据集本质上是乳房肿块活检图像的细胞核多项测量值。通过以下代码读取数据集并了解样本的基本特征。

```
datas = pd.read_csv(r'data\wisc_bc_data.csv',sep = ',')
```

读取的数据集如图 4-22 所示。

	id	diagnosis	radius_mean	texture_mean	perimeter_mean	area_mean	smoothness_mean	compactness_mean	concavity_mean	concave points_mean	...
0	842302	M	17.99	10.38	122.80	1001.0	0.11840	0.27760	0.30010	0.14710	...
1	842517	M	20.57	17.77	132.90	1326.0	0.08474	0.07864	0.08690	0.07017	...
2	84300903	M	19.69	21.25	130.00	1203.0	0.10960	0.15990	0.19740	0.12790	...
3	84348301	M	11.42	20.38	77.58	386.1	0.14250	0.28390	0.24140	0.10520	...
4	84358402	M	20.29	14.34	135.10	1297.0	0.10030	0.13280	0.19800	0.10430	...
...	...	...	...	...	...	...	...	...	...	...	
564	926424	M	21.56	22.39	142.00	1479.0	0.11100	0.11590	0.24390	0.13890	
565	926682	M	20.13	28.25	131.20	1261.0	0.09780	0.10340	0.14400	0.09791	
566	926954	M	16.60	28.08	108.30	858.1	0.08455	0.10230	0.09251	0.05302	
567	927241	M	20.60	29.33	140.10	1265.0	0.11780	0.27700	0.35140	0.15200	
568	92751	B	7.76	24.54	47.92	181.0	0.05263	0.04362	0.00000	0.00000	

569 rows × 32 columns

图 4-22　读取的数据集

共有样本 569 个，即 569 例乳腺细胞活检案例。每行数据有 32 列，其中 id 列是编号，无实际意义，在后续数据处理中会被删除或屏蔽。诊断列 diagnosis 取值[M|B]，M、B 分别表示诊断为恶性或良性。其他 30 列由细胞核的 10 个不同特征的平均值、标准差、最差值构成。通过命令 datas.columns 查看所有的列名，可知 10 个特征值如下。

（1）半径（radius）。
（2）质地（texture）。
（3）周长（perimeter）。
（4）面积（area）。
（5）光滑度（smoothness）。
（6）致密性（compactness）。
（7）凹度（concavity）。
（8）凹点（concave points）。
（9）对称性（symmetry）。
（10）分形维度（fractal dimension）。

上述 10 个特征值是用来描述乳腺细胞核的大小和形状的，有经验的医生可以通过这些特征数据或阅读细胞核数字影像来诊断一个人是否患有乳腺癌，可 SVM 是如何通过机器学习来一步步判断人是否患有乳腺癌的呢？

4.4.4　任务 1——构建训练集和测试集

【任务描述】为了能让 SVM 算法用于乳腺癌诊断，需要准备要用到的学习数据。为此，首先要加载数据，然后对其做适当的处理，最后形成模型所需的训练集和测试集。

【任务目标】对样本数据进行切分，生成训练集和测试集。

【完成步骤】

1. 按 8 : 2 的样本比例分别生成训练集和测试集

实现代码如下。

```
1   import numpy as np
2   import pandas as pd
3   import sklearn.model_selection as ms
4   datas = pd.read_csv(r'data\wisc_bc_data.csv',sep = ',')
5   x = datas.iloc[:,2:32]
6   y = datas.iloc[:,1:2]
7   x_train,x_test,y_train,y_test = ms.train_test_split(x,y,test_size =
    0.2, random_state = 42)
8   y_train = y_train.values.ravel()
9   y_test = y_test.values.ravel()
```

代码行 3 导入 model_selection，用于样本数据分割；代码行 4 读取 CSV 数据文件到数据集 datas 中；代码行 5 将 datas 中所有行第 3 列～第 32 列的数据作为样本输入集 x；代码行 6 将 datas 中第 1 列的所有行数据作为样本输出集 y；代码行 7 将输入集 x 和输出集 y 进行分割，按比例 8 : 2 形成训练集和测试集；代码行 8～9 分别对训练集和测试集的输出值降维，将其变为一维数组，以满足模型训练和测试的数据格式要求。

2. 观察测试集的分布情况

以测试集为例，准备好的数据如图 4-23 所示。

	radius_mean	texture_mean	perimeter_mean	area_mean
count	114.000000	114.000000	114.000000	114.000000
mean	14.165833	19.707193	92.315439	656.930702
std	3.491876	4.432655	24.310746	341.074645
min	6.981000	10.940000	43.790000	143.500000
25%	11.687500	16.217500	75.225000	418.625000
50%	13.465000	19.535000	87.380000	548.700000
75%	16.057500	22.675000	105.300000	806.800000
max	25.220000	31.120000	171.500000	1878.000000

```
['B', 'M', 'M', 'B', 'B', 'M', 'M', 'M', 'B', 'B', 'B', 'M', 'B',
 'M', 'B', 'B', 'B', 'B', 'B', 'B', 'B', 'B', 'B', 'M', 'B', 'B',
 'B', 'B', 'B', 'B', 'B', 'B', 'B', 'B', 'M', 'B', 'B', 'M', 'M',
 'B', 'M', 'M', 'B', 'M', 'M', 'M', 'B', 'M', 'B', 'B', 'M', 'M',
 'B', 'B', 'B', 'M', 'B', 'M', 'M', 'B', 'M', 'B', 'B', 'M', 'B',
 'B', 'B', 'B', 'M', 'M', 'B', 'B', 'B', 'M'], dtype=object)
```

图 4-23 测试集 x_train 和 y_train

从图 4-23 所示的测试集中可以浏览整个测试集特征值的分布情况和标签值，用这些训练样本来估计模型训练后的效果，也就是用这 114 条记录模拟新的患者，去了解模型诊断效果。

4.4.5 任务 2——构建和训练模型

【任务描述】有了训练集和标签后，就可以构建 SVM 模型并对它进行训练，以得到乳腺癌诊断训练模型。

【任务目标】构建一个用于诊断乳腺癌的 SVM 模型，并查看模型训练效果。

【完成步骤】

1. 构建并训练 SVM 模型

实现代码如下。

```
1    import sklearn.svm as svm
2    model = svm.SVC(C = 1, kernel = 'rbf')
3    model.fit(x_train,y_train)
```

代码行 1 导入支持向量机模块 svm；代码行 2 利用核函数 rbf 构建模型，惩罚参数 C 取值为 1；代码行 3 利用训练样本对模型进行训练。

2. 查看模型训练效果

模型训练完成后，为了解模型的训练效果，利用以下代码输出模型的训练得分（精确率）。

```
print(model.score(x_train,y_train))
```

模型的训练得分为：0.9142857142857143

模型的训练得分不太理想。训练后的模型对 114 条记录的测试集而言性能又如何呢？

4.4.6 任务 3——评估模型诊断效果

【任务描述】

下面基于测试集（模拟 114 个新的患者）对模型的预测效果进行评估，看预测结果与医生事先标注的结果是否一致，如不一致，差异在什么地方？从而判断该模型是否能较好地推广到未知样本（或辅助临床应用）。

【任务目标】测试乳腺癌诊断模型，并评估模型的性能。

【完成步骤】

1. 用测试样本测试 SVM 模型

实现代码如下。

```
1    import sklearn.metrics as sm
2    y_pred = model.predict(x_test)
3    print(sm.classification_report(y_test,y_pred).)
```

代码行 1 导入评估模块 metrics；代码行 2 利用模型对测试样本进行预测，得到预测值 y_pred；代码行 3 将实际标签值 y_test 与预测值 y_pred 进行对比分析，将结果以报告形式输出，如图 4-24 所示。

	precision	recall	f1-score	support
B	0.92	1.00	0.96	71
M	1.00	0.86	0.92	43
accuracy			0.95	114
macro avg	0.96	0.93	0.94	114
weighted avg	0.95	0.95	0.95	114

图 4-24　模型测试性能报告

可以看到，在 114 个测试样本中，所有被实际标注为良性（B）的患者都被成功识别出来，而被实际标注为恶性（M）的患者只有 86% 被识别出来，剩余 14% 的恶性被错分为良性。这种错分可能会造成严重的后果，因为被误诊的患者可能会因此错过治疗的黄金时机，导致病情恶化。因此，有必要对样本数据或模型进行调整，以便训练出性能更高的模型。

2. 改善模型的性能

观察所有样本的输入特征值，各特征值大小及范围差异较大。例如，细胞核半径 radius_mean 的取值在[6.981, 28.11]范围内，而光滑度 smoothness_mean 的取值在[0.05263, 0.1634]范围内，两者数据量级不一样，有必要进行归一化处理，以消除量纲影响。代码如下。

```
1   from sklearn.preprocessing import MinMaxScaler
2   x = MinMaxScaler().fit_transform(x)
```

代码行 1 导入离差标准化类 MinMaxScaler，代码行 2 对所有样本的输入特征值进行归一化处理，然后用任务 2 中的模型进行训练，最后再次对训练后的模型进行测试评估，归一化处理后模型再测试的性能报告如图 4-25 所示。

	precision	recall	f1-score	support
B	0.97	0.99	0.98	71
M	0.98	0.95	0.96	43
accuracy			0.97	114
macro avg	0.97	0.97	0.97	114
weighted avg	0.97	0.97	0.97	114

图 4-25　归一化处理后模型再测试的性能报告

可以发现，仅使用一行代码对样本输入集 x 进行归一化处理后，模型对标签为 M 的样本召回率由原来的 86%提高到 95%，B 和 M 两种样本的综合评价系数 F1 值分别提升 2%和 4%，模型性能能有比较明显的提升。在训练样本数据比较少的情况下，能取得 97%的预测精确率还是很不错的。

4.4.7　拓展任务

尽管用于辅助诊断乳腺癌的 SVM 模型有着高达 97%的预测精确率，但实际上这种性能水平的模型用于癌症诊断还是不太合适，因为无论是错分为假正（FP）还是假负（FN），后果都可能比较糟糕，应尽量避免产生错分情况。作为拓展任务，有必要从以下几个方面不断尝试，以找到更好的模型。

1. 将样本输入集 x 进行 Z-Score 标准化

在任务 3 中，通过对样本数据进行归一化处理提升了模型的性能，如果对样本数据进行标准化处理，是否还能提升模型性能呢？利用以下代码对样本输入集 x 进行 Z-Score 标准化。

```
from sklearn.preprocessing import StandardScaler
x = StandardScaler().fit_transform(x)
```

转换后，仍用相同参数的模型进行训练和预测,标准化处理后的模型性能报告如图 4-26 所示。

```
0.9868131868131869
            precision    recall   f1-score    support

        B      0.97       0.99      0.98         71
        M      0.98       0.95      0.96         43

  accuracy                          0.97        114
 macro avg     0.97       0.97      0.97        114
weighted avg   0.97       0.97      0.97        114
```

图 4-26　标准化处理后的模型性能报告

与任务 2 的模型对比，除了训练得分有一点提高，模型的预测结果没有大的变化，这证明数据标准化处理后并没有让模型在诊断方面表现得更好。

2. 改变模型参数 C

由表 4-3 可知，调整 SVM 模型的参数能在一定程度上改善模型的性能。下面仅以改变惩罚参数 C 的值为例，看它是如何引起模型性能或拟合度的变化的。这里的目标是降低模型错分率，尽可能大地提高模型的召回率和精确率。为此，根据参数 C 的含义，应该增大 C 的值，加大对误分类的惩罚，以降低训练误差。代码如下。

```
model = svm.SVC(C = 1.5, kernel = 'rbf')
```

上述代码只是将原来的 C=1 更新为 C=1.5，核函数和其他参数没有改变。参数 C 变化前后模型的预测结果对比如图 4-27 所示。

图 4-27（a）是 C=1 的预测交叉表，图 4-27（b）是 C=1.5 的预测交叉表。可以看出，当 C 取一个合适的较大值 1.5 的时候，所有标签为 B 的样本悉数找回，错分情况有较小的改善，是可以在一定程度上提高模型性能的。但有些遗憾的是，这种改善在标签为 M 的样本上并没有表现出来。读者可以尝试用不同的 C 值或其他核函数对模型进行测试，看是否能实现更好的分类效果。

预测值 真实值	B	M	All
B	70	1	71
M	2	41	43
All	72	42	114

预测值 真实值	B	M	All
B	71	0	71
M	2	41	43
All	73	41	114

（a）　　　　　　　　（b）

图 4-27　模型的预测结果对比

模块小结

分类既是一种学习能力，又是一种解决问题的方法，在工作和学习方面都有着广泛的应用。本模块先介绍了分类器的概念，以及几种在机器学习领域常用的分类器，然后使用 KNN 分类器来识别图像上的猫、狗，最后用 SVM 来扮演"机器医生"，辅助诊断乳腺癌。

无论采用哪种分类器来解决分类问题，整个过程基本可被分为 4 个阶段：特征提取、数据处理、模型选择和训练、测试应用。要想得到较好的分类应用效果，每个阶段都非常重要，需要人们在实践中不断总结和调优。令人欣慰的是，借助于 scikit-learn 这个第三方库，仅需简单的几行代码就能构建一个准确率高达 97%的模型来识别肿瘤是恶性的还是良性的，这进一步增强了人们学习人工智能的动力。

课后习题

一、考考你

1. 下列关于正、负样本的说法，正确的是_____。

    A. 样本数量多的那一类是正样本

    B. 样本数量少的那一类是负样本

    C. 正、负样本没有明确的定义

    D. 想要正确识别的那一类为正样本

2. 分类器的实质为_____，把样本的特征集 X 映射到一个预先定义的类别号 y。

    A. 模式   B. 函数   C. 映射   D. 转换

3. 用计算概率来解决分类问题的分类器是_____。

    A. 决策树

    B. k 近邻分类器

    C. 贝叶斯分类器

    D. 支持向量机

4. 识别猫、狗的过程中，对图像进行灰度处理的主要原因是_____。

    A. 方便转为向量格式

    B. 尽可能保存全部图像信息

    C. 保证较少计算量，同时尽可能保存图像信息

    D. 有利于改善分类效果

5. SVM 的最优分界面是由_____决定的。

    A. 支持向量   B. 所有样本   C. 多数样本   D. 少数样本

6. k 近邻分类器的基本思想是_____。

    A. 待分类对象的类别等于它的邻居的类别

    B. 待分类对象的类别等于它邻居的多数类

    C. 待分类对象的类型等于它邻居的少数类

    D. 待分类对象的类别等于它周围 k 个邻居中的多数类

7. 下列关于神经网络的说法中，错误的是_____。

    A. 它通过模拟人脑神经系统来解决分类问题

    B. 它的输入层的神经元的个数一般等于样本的特征数

    C. 它的隐藏层的神经元对输入数据进行加权求和，并经激活函数处理

    D. 它的输出层的输出值就是预测样本的类别值

8. 用欧式距离来计算样本之间的相似度，＿＿＿＿。

　　A. 距离越短，相似度越低　　　　　B. 距离越短，相似度越高

　　C. 距离越长，相似度越高　　　　　D. 距离与相似度无关

9. 下列不能衡量分类效果的评价指标是＿＿＿＿。

　　A. 精确率　　　　B. 召回率　　　　C. 学习率　　　　D. F1 值

10. 下列代码定义了一个 k 近邻分类器，其中参数 n_neighbors 的含义是＿＿＿＿?

knn= KNeighborsClassifier(n_neighbors=43,weights='distance',p=2)

　　A. 权重　　　　B. 相似度　　　　C. 最近邻数　　　　D. 迭代次数

二、亮一亮

1. k 近邻分类器与支持向量机各自的分类基本思想是什么?

2. 在项目 1 的猫狗识别过程中，个别样本出现错分的现象，主要原因是什么?

三、帮帮我

1. 尝试改用 SVM 模型来识别猫、狗，建议核函数使用 rbf，其他模型参数自己设定，对比 SVM 模型的识别效果与项目 1 的差异，并分析原因。

2. 尝试使用 KNN 模型辅助诊断乳腺癌，注意设置合适的 k 值，比较该模型与项目 2 的模型在诊断效果上谁优谁劣，并分析原因。

模块 ❺ 物以类聚：发现新簇

在日常生活中，人们会看见五颜六色的花、浏览各式各样的图片、碰到不同的消费人群，但往往需要对这些物体或对象进行归类，以构建更好的信息簇或知识体系。与前文的分类不同，这些新的物体或对象事先并没有被做任何类别标注，不知道它们属于哪个已知的类别，机器需要在不依赖人类知识提示的前提下独立观察世界，将它们划分为不同的簇。早在两千多年前的《周易·系辞》中，古人就提出了"方以类聚，物以群分，吉凶生矣"的聚类思想，由此可见中华文明的博大精深和原创价值。在商业销售领域，竞争异常激烈，为提供个性化、精准化服务，有必要利用上述技术基于销售历史数据进行分析研判，将客户划分为重要保持客户、重要发展客户和一般挽留客户等，然后根据不同客户群体制订对应的营销策略，挖掘客户潜在需求，不断提高服务质量，达到"黏"住客户以提高销售额的目的，为人民群众幸福生活拼搏、奉献和服务。

本模块内容导读如图 5-1 所示。

图 5-1 模块 5 内容导读

5.1 聚类分析

5.1.1 何为聚类分析

聚类分析是一种典型的无监督学习，也就是在事先不知道每个样本的类别、没有对应标签值的情况下，将未知类别的样本按照一定的规则划分成若干个簇，这些簇具有如下特点。

（1）同一个簇中的样本尽可能相似（或性质相同、距离相近）。

（2）不同的簇中的样本尽可能不相似（或性质不相同、距离较远）。

即聚类分析不依赖训练模型和用过的样本数据，仅针对当前待分析的样本使用聚类算法，将样本划分成几个不同的簇，从而揭示样本间的内在性质和相互之间的联系规律。如下领域会采用聚类分析。

（1）销售领域：基于销售的历史数据进行分析，将具有相同的消费习惯或购买模式的客户分为同一组，从而开展有针对性的营销活动，提高销售额。

（2）医学领域：把原始图像划分成若干特定的、具有独特性质的区域并提取目标，对图像进行分析，挖掘疾病的不同临床特征，辅助医生进行临床诊断。

（3）生物领域：按照功能对基因聚类，获取不同种类物种之间基因的关联信息，用于指导物种分类或发现新的物种。

（4）安全领域：通过识别不同于已知类的模式来检测早期的异常行为，从而侦测网络入侵或非法访问活动。

图 5-2 所示为一些鸢尾花样本的分布，按萼片长度、萼片宽度和花瓣长度显示在三维空间里，仅从观察数据的角度是很难将这些样本分成不同的簇的，也不知道将它们分成几个簇比较合适，还必须去探索这些鸢尾花到底有哪些品种，甚至是否还存在一些未知的品种。

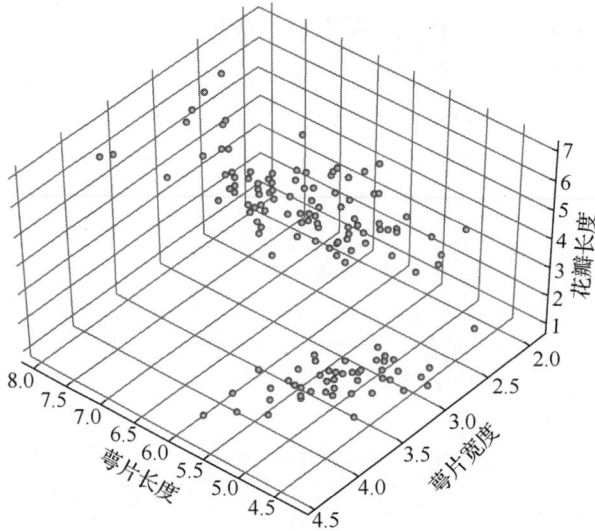

图 5-2　一些鸢尾花样本的分布

假设样本被分为图 5-3 所示的 3 个簇，那么如何描述簇的基本特征以区分各个簇的差异呢？

聚类得到的簇可以用簇质心、簇大小、簇密度和簇描述等特征来展现其特点，这些特征的含义如下。

（1）簇质心（质心）是一个簇中所有样本的平均值，如图 5-3 中的▲。

（2）簇大小表示簇中所含样本的数量。

（3）簇密度表示簇中样本的紧密程度，越紧密说明簇内样本的相似度越高。

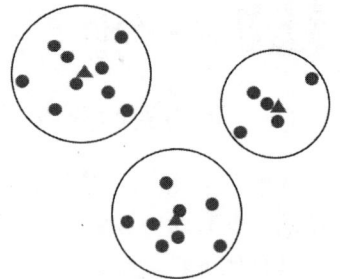

图 5-3　样本被分为 3 个簇

（4）簇描述是簇中样本的业务特征，如簇号。

有哪些常见的聚类方法可用于对样本进行聚类分析呢？

5.1.2 常见聚类方法

1．基于划分的聚类

基于划分的聚类是一种简单、常用的聚类方法，它通过将对象划分为互斥的簇进行聚类，使每个对象属于且仅属于一个簇。简而言之，基于划分的聚类旨在使簇之间的相似度低、簇内部的相似度高。基于划分的经典聚类算法有 k 均值、k-medoids 算法等。

2．基于层次的聚类

基于层次的聚类的应用广泛程度仅次于基于划分的聚类，其核心思想是对数据集按照层次处理，把数据划分到不同层次的簇中，从而形成一个树形的聚类结构。基于层次的聚类可以揭示数据的分层结构，根据树形结构的不同层次对数据进行划分，得到不同粒度的聚类结果。基于层次聚类的过程可以分为自底向上的聚合聚类和自顶向下的分裂聚类。聚合聚类以 AGNES、BIRCH、ROCK 等算法为代表，分裂聚类以 DIANA 算法为代表。

3．基于密度的聚类

基于划分的聚类和基于层次的聚类在聚类过程中根据距离来划分簇，因此只能用于挖掘球状簇。但往往现实中簇还会有各种形状，这时上面的两大类方法将不适用。

为了解决这一问题，诞生了基于密度的聚类。其利用密度思想，将样本中的高密度区域（样本点分布稠密的区域）划分为簇，将簇看作样本空间中被稀疏区域（噪声）分隔开的稠密区域。

该聚类方法的主要目的是过滤样本空间中的稀疏区域，获取稠密区域作为簇。其根据密度而不是距离来计算样本相似度，所以其能用于挖掘任意形状的簇，并且能够有效过滤掉噪声样本，减轻其对聚类结果的影响。常见的基于密度的聚类算法有 DBSCAN、OPTICS 和 DENCLUE 等。

除了上述聚类方法，还有基于网格的聚类、基于模型的聚类等，有兴趣的读者可以阅读相关材料。

5.1.3 聚类性能度量

无论使用什么聚类方法对样本进行分簇，都会涉及如何对聚类后的结果进行评估，以度量聚类模型的性能的问题。聚类性能度量指标用于对聚类后的结果进行评估，分为内部指标和外部指标两大类。外部指标要事先指定聚类模型作为参考来评估聚类结果的好坏，称为有标签的评估；而内部指标是指不借助任何外部参考，只用参与聚类的样本本身评估聚类结果的好坏。因此，本模块暂时忽略外部指标，只介绍几个常用的内部指标。

1．惯性值

惯性值（Inertia）用于衡量样本距离最近的簇质心的总和，它是在没有真实分类标签下的非监督式评估指标，该值越小越好，越小证明样本在类间的分布越集中，即类内的距离越小。

2．轮廓系数

所有样本的轮廓系数（Silhouette Coefficient）的平均值称为聚类结果的轮廓系数，定

人工智能基础与应用（第 2 版）（微课版）

义为 S，是判断该聚类是否合理、有效的度量指标。聚类结果的轮廓系数 S 的取值范围为 $[-1,1]$，值越大，说明同类样本相距越近，不同样本相距越远，畸形变化程度越大，则聚类效果越好。不合理的聚类取值为 -1，合理的聚类取值为 1，$S > 0.5$ 表明聚类效果较好。

3. CH 分数

簇内部数据的协方差越小越好，簇之间的协方差越大越好，这时的 CH 分数（Calinski-Harabasz Index，卡林斯基-哈拉巴斯指数）会高。当簇密集且分离较好时，CH 分数更高，因此 CH 分数值越大越好。

5.2 k 均值聚类

5.2.1 k 均值算法

k 均值（k-means）算法是一种基于距离划分的聚类算法，由于其具有算法简单、灵活性高、运行效果足够好等特点，因此较常用。该算法计算样本与各簇质心的距离，与质心相近的样本被划分为同一簇。k 均值算法通过样本间的距离来衡量它们之间的相似度，两个样本距离越远相似度越低，否则相似度越高。通常用距离的倒数表示相似度的值，常见的距离计算方法有欧氏距离和曼哈顿距离，其中欧氏距离更为常用，欧氏距离的计算公式如下。

$$\text{dist}(X,Y) = \sqrt{\sum_{i=1}^{n}(x_i - y_i)^2}$$

上式中的 X、Y 是 n 维空间的两个向量，也可以看作样本空间内的两个样本，其距离越远，说明相似度越低，距离越近，说明相似度越高。

k 均值算法的流程如图 5-4 所示。

图 5-4　k 均值算法的流程

为更详细地介绍 k 均值算法的聚类过程，用图 5-5 来展示样本分为两簇的情况。

图 5-5（a）所示为初始的数据集，假设 $k=2$。在图 5-5（b）中，随机选择了两个簇所对应的质心，即图中的"×"，然后分别求样本中所有点到这两个质心的距离，并标记每个样本的类别为与该样本距离最小的质心的类别，如图 5-5（c）所示。通过计算样本到质心的距离，得到了所有样本的第一轮迭代后的类别。此时对当前标记为星形和圆形的点分别求新的质心，如图 5-5（d）所示，此时新的质心的位置已经发生了改变。图 5-5（e）和图 5-5（f）重复了图 5-5（c）和图 5-5（d）所示的过程，即将所有样本的类别标记为与其距离最近的质心的类别并求新的质心，最终得到的两个类别如图 5-5（f）所示。

108

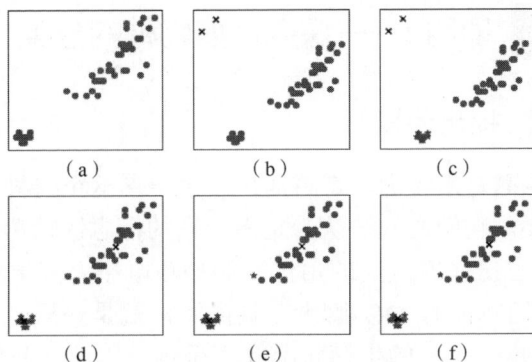

图 5-5 k 均值算法的聚类过程

在实际应用过程中，有可能存在数据集过大而导致算法收敛速度过慢的情况，导致无法得到有效的聚类结果。在这样的情况下，可以为 k 均值算法指定最大迭代次数或指定簇的质心变化阈值，即当算法运行达到最大迭代次数或簇的质心变化很小（变化率小于设定的阈值）时终止算法的运行。

5.2.2　k 均值算法应用提示

由上述 k 均值算法的聚类过程可以得出用该算法聚类时的几个关键要素。

（1）k 的初值。k 是一个提前定义好的数，其目标是最小化每个簇内部的差异，最大化簇之间的差异。那 k 取什么值合适呢？它取决于具体的业务需求或分析动机。例如，营销部门只有 3 种不同的客户资源来支撑拓展市场，那么设定 k=3 以聚类 3 种不同的客户可能是一个不错的决定。如果没有先验知识，建议令 $k=\sqrt{\dfrac{n}{2}}$，其中，n 是样本总数；然后在 k 附近搜索不同的值，观察 k 的变化引起的聚类性能的改变，选择一个满足应用要求且聚类效果相对稳定的 k 值就可以了。

（2）初始质心的选择。k 均值算法对初始质心是比较敏感的，这意味着随机的初始质心可能会对最终的聚类结果产生较大的影响。选择初始质心的方法有 3 种：一是如果事先知道某几个样本彼此之间完全不同，就选择它们作为初始质心；二是跳出样本范围，在特征空间的任意地方取随机值为初始质心；三是分段选择初始质心，第一个初始质心随机选择，其他初始质心按距离已定初始质心最远的样本点来选择。关于初始质心的优选方法，可以参考其他聚类算法。由于随机初始质心的影响，可能每次聚类的结果都不一样，因此可以通过多次运行，以聚类性能最优的聚类结果为最优解。

（3）聚类完毕后，所有样本都是有簇号的。原来没有标签号（簇号）的样本经过聚类会拥有一个簇号。相同簇号的样本的特征平均值就是该簇质心的坐标，这也是 k 均值算法名称的由来。

（4）聚类结束条件。尽管聚类能产生新的信息，但人们不应该在新信息的准确性上花费太多时间，因为聚类是无监督学习，所以更应该关注对新信息的洞察和理解。当样本数量很大，或者定义的聚类误差很严苛时，为避免聚类陷入迟迟不出结果的尴尬局面，必须设定最大迭代次数和误差阈值，满足其一即可停止聚类。

5.3 项目1——探究企鹅物种的分类

5.3.1 提出问题

企鹅是南极洲的奇特居民，属于鸟纲企鹅科，是一种人类非常喜欢的鸟类。它们通常被认为是南极洲的标志性动物之一，具有很高的欣赏价值。它在人类文化中也扮演着重要的角色，例如在电影、文学作品等文化产品中都可以看到企鹅的形象。我们熟知的 QQ 聊天工具的图标就是一只可爱的企鹅。由于全球气候变暖和人类活动的影响，企鹅的生存状况并不乐观。因此，我们应该采取行动来保护这些迷人的生物，以确保它们能够正常繁衍、继续生存。为此，一项必要的工作就是研究如何区分企鹅的种类、哪些特征决定了它们的差异。弄清这些问题，更好地保护不同物种的企鹅，使它们成为人类永远的朋友。

幸运的是，现在借助一些人工智能工具就可以较为轻松地解决上述问题，例如，本项目就是基于各种企鹅（见图 5-6）的数据集（无类别标签），根据企鹅的外部特征数据来探究将这些企鹅划分为几个物种比较合适。

图 5-6 各种企鹅

为此，下面将利用 k 均值算法对一群未知物种的企鹅进行分析和讨论，最终找到最佳的物种分类。

5.3.2 解决方案

想要找到一个相对最佳的企鹅物种数量 k，首先应尽可能多地获得关于企鹅的特征知识，也许它能帮助找到物种数量 k 的有效初值，因为企鹅的一些形态特征（如嘴的大小、体重等）反映了企鹅的独特之处和一些重要信息，具有较大的参考价值；然后，选用 k 均值算法对企鹅数据集进行聚类，从聚类性能指标和样本可视化分布情况对聚类效果进行评估；最后，对比不同 k 值的聚类效果，确定企鹅最佳的物种数量。

本项目解决方案的流程如图 5-7 所示。

图 5-7 解决方案的流程

5.3.3 预备知识

本小节的目标是对企鹅的外在特征数据进行分析，尝试确定这些企鹅的物种数量。那么，先了解企鹅的相关知识、数据的降维方法以及 k 均值模型的调节参数是非常有必要的，能帮助更合理地设置企鹅物种数量 k。

1. 企鹅常识

企鹅的主要外部特征如图 5-8 所示。喙长度、喙深度、鳍肢长度、性别、重量等都是企鹅的重要特征。相关研究表明，上述特征在一定程度上综合地反映了企鹅的物种。所以，可以把企鹅的外观形态变量作为确定其物种的依据，采用聚类的方法对处理后的企鹅特征数据进行分析就可以客观地确定企鹅的物种，从而将不同物种的企鹅区分开。

图 5-8 企鹅的主要外部特征

已知地球上现存的企鹅共有 19 种，它们的头部颜色、个体大小、体型等不尽相同。其中喙的长度、深度，鳍肢的长度和重量等特征对企鹅的生存影响较大。这些特征之间是否存在强相关关系，这样的关系是否会对企鹅的分类造成影响？可以通过后期的数据分析找到该问题的答案。仅利用现有的一些先验知识还不能较好地确定企鹅的物种数量 k，但通过观察企鹅的外部特征数据在多维空间的分布情况也许能较好地分辨企鹅的物种。至于得到的结论是否正确，还需在后续的分析中予以验证。

2. 数据降维

什么是降维？为什么要降维？前文已经谈到，在衡量采用什么方法来分析数据之前最好能对数据的全貌有一个可视化的了解，能从中发现一些内在规律或启示，以便更好地指导人们选择相对合理的方法来解决问题。通常只在二维或三维的空间可视化数据，但原始数据的实际维度可能是四维甚至更高维度。采用数据降维的方法将原始数据的维度降为二维或三维，以便进行可视化处理，从而直观了解数据的分布。除此之外，数据降维还有提高计算速度、提高模型拟合度等好处。

如何保证原高维空间里的数据关系经降维后仍然保持不变或者近似呢？这就需要使用降维方法了。降维方法有很多，如主成分分析法（PCA）、线性判别分析法（LDA）、T 分布随机近邻嵌入法（t-SNE）、多维缩放法（MDS）等。其中 PCA 是一种寻找数据中主要方差方向，并将数据投影到这些方向上，同时尽可能保留数据中的主要特征的数据降维方法。因此，接下来利用相关系数热力图和 PCA 对企鹅数据集进行分析和降维处理，绘制出散点图，观察数据的分布情况，看能否为后面的聚类分析提供一些提示。

【引例 5-1】分析企鹅数据集中可能存在的强相关特征，选取合适的特征集，采用 PCA 对企鹅数据集 penguins 进行降维，并绘制降维后的数据散点图。

（1）引例描述

利用热力图分析数据集 penguins 中各特征之间的相关度，据此选择合适的特征集，并利用 PCA 将多个特征数据降为三维，并绘制出降维后的数据散点图，以便观察数据的分布情况。

（2）引例分析

先利用 seaborn 库中 heatmap 函数绘制数据集 penguins 特征之间的相关系数，据此来决定是否需要对特征集进行取舍。然后导入降维类 PCA，用它将新特征数据集降成三维，并利用 pyplot 模块中的 scatter 函数绘制数据的散点图。

（3）引例实现

① 绘制出热力图，了解各特征之间的相关度。代码如下所示（case5-1.ipynb）。

```
1  import matplotlib.pyplot as plt
2  import seaborn as sns
3  import pandas as pd
4  df = pd.read_csv('data/penguins.csv',sep = ',')
5  datas = df.dropna()
6  datas = datas.iloc[:,[0,1,2,3]]
7  datas = (datas-datas.min())/(datas.max()-datas.min())
8  rc = {'font.sans-serif':'SimHei','axes.unicode_minus':False}
9  sns.set(font_scale = 0.9,rc = rc)
10 corr_matrix = datas.corr()
11 plt.figure(figsize = (6, 3))
12 sns.heatmap(corr_matrix, annot = True, cmap = 'Greys', fmt = '.2f')
13 plt.title('Correlation Heatmap')
14 plt.show()
```

代码行 5 删除数据集中带有空值的行。代码行 6 截取数值类型列的所有数据。代码行 7 对数据集进行数据归一化处理。代码行 8 配置字体和负数字符。代码行 10 计算数据集中各特征值之间的相关系数（默认是计算皮尔逊相关系数）。代码行 12 定义数据源为 corr_matrix，热力图样式为显示相关系数、配色为 Greys、保留两位小数。代码执行结果如图 5-9 所示。

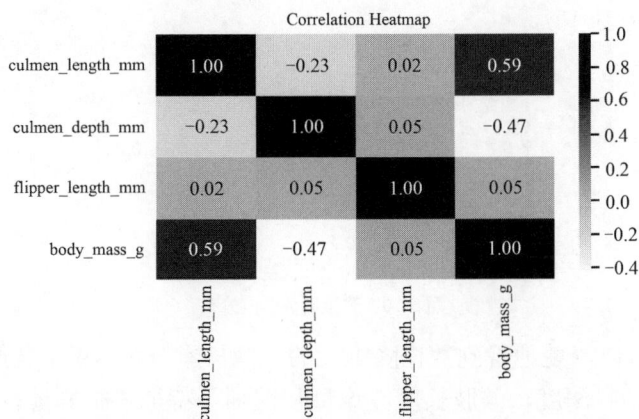

图 5-9　各特征值之间的相关系数

由图 5-9 可以看出，企鹅的喙长度（culmen_length_mm）、喙深度（culmen_depth_mm）、鳍肢长度（flipper_length_mm）和重量（body_mass_g）两两之间的相关系数都比较低，最高为 0.59，说明这 4 个特征彼此比较独立，相互之间影响很小。为此，保留数据集中所有的特征为特征集，据此特征集来尝试了解数据样本在三维空间中的分布情况。

② 绘制散点图，观察数据样本在三维空间中的分布情况，代码如下所示。

```
1   from sklearn.decomposition import PCA
2   df.loc[df['sex'] == 'MALE', 'sex'] = 0
3   df.loc[df['sex'] == '.', 'sex'] = 0
4   df.loc[df['sex'] == 'FEMALE', 'sex'] = 1
5   pca_data = df.dropna()
6   pca_data = (pca_data-pca_data.min())/(pca_data.max()-pca_data.min())
7   pca = PCA(n_components = 3, random_state = 57)
8   X_3d = pca.fit_transform(pca_data)
9   fig = plt.figure(figsize = (12,6))
10  ax = fig.add_subplot(111, projection = '3d')
11  ax.set_facecolor('white')
12  ax.scatter(X_3d[:,0], X_3d[:,1],X_3d[:,2])
13  plt.show()
```

代码行 1 导入降维类 PCA。代码行 2～4 对性别数据进行处理，将雄性和雌性分别设置为 0 和 1。代码行 7 创建一个降成三维的对象 pca。代码行 8 对新的数据集 pca_data 进行降维转换。代码行 10～11 添加三维子图 ax，并将子图前景色设为白色。代码行 12 在三维子图 ax 上绘制三维的散点图，降维后数据的分布如图 5-10 所示。

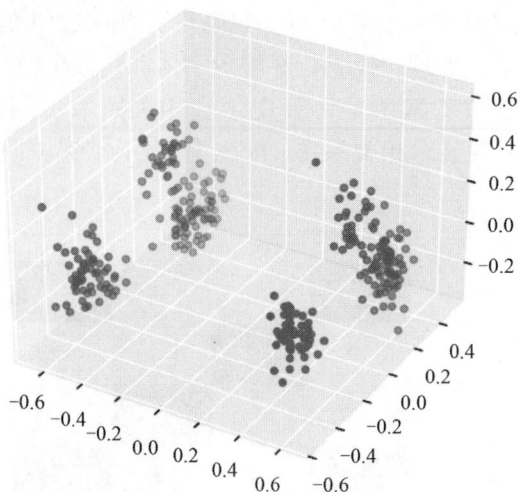

图 5-10　降维后数据的分布

观察图 5-10，可以清楚地看到数据降维后的企鹅样本分为 4 簇，各簇之间的界限明显，说明企鹅的喙长度、喙深度、鳍肢长度、重量和性别等特征能很好地将不同物种的企鹅区分开。同时也说明 PCA 虽然在一定程度上改变了各特征数据之间的关系，但它仍然在低维空间尽可能保留了原始数据的代表信息，由此能直观观察到样本的分布情况。总之，企鹅样本是否划分为 4 个物种比较合适还需要在后续的聚类分析中做进一步的验证。

3. 认识 k 均值聚类

可以通过 k 均值聚类来构建一个 k 均值模型，然后利用该模型对企鹅进行聚类。k 均值模型的主要参数如表 5-1 所示。

表 5-1　k 均值模型的主要参数

参数	含义	备注
n_clusters	生成的聚类数	合理指定其值
n_init	选择质心种子的次数	设置为 auto 或整数，默认值为 10
max_iter	算法最大的迭代数	默认值为 300
init	质心的初始化方法，包含 k-means++、random，或者指定一个 ndarray 向量为质心	默认值为 k-means++，这是一种改进的初始化质心方法
algorithm	采用的算法，包含 auto、full 或者 elkan	建议使用 auto
random_state	随机种子，取整数，可保证结果复现	一般选择一个固定整数

5.3.4　任务 1——样本数据的预处理

【任务描述】样本数据集 penguins 中存在空值等异常情况，需要对数据集进行清洗，以提高样本数据的质量，为后续的聚类算法分析提供数据基础。为此，要新建文件 5_task1.ipynb。

【任务目标】清洗和归一化数据，保证样本数据的质量。

【完成步骤】

1. 查看数据的异常情况

因为要对企鹅样本数据进行聚类，在读取样本数据的基础上进一步观察数据的异常情况，随后采用相应的数据预处理措施来保证处理后的数据的质量。

（1）观察数据空值情况。通过以下代码统计空值的分布情况。

```
1   import pandas as pd
2   import matplotlib.pyplot as plt
3   from sklearn.preprocessing import StandardScaler
4   datas = pd.read_csv('./data/penguins.csv',sep = ',')
5   datas.isnull().sum()
```

上述代码的运行结果如图 5-11 所示。

由此可见，各个字段都有存在空值的情况，但空值数量较少，后续直接删除空值行即可。

（2）异常值的统计。看数据集中是否存在明显的异常值，以便对其进行过滤。运行以下代码，观察是否存在异常值。

```
culmen_length_mm      2
culmen_depth_mm       2
flipper_length_mm     2
body_mass_g           2
sex                   9
dtype: int64
```

图 5-11　数据集空值分布统计

```
1   datas.boxplot()
2   plt.show()
```

代码运行结果如图 5-12 所示。

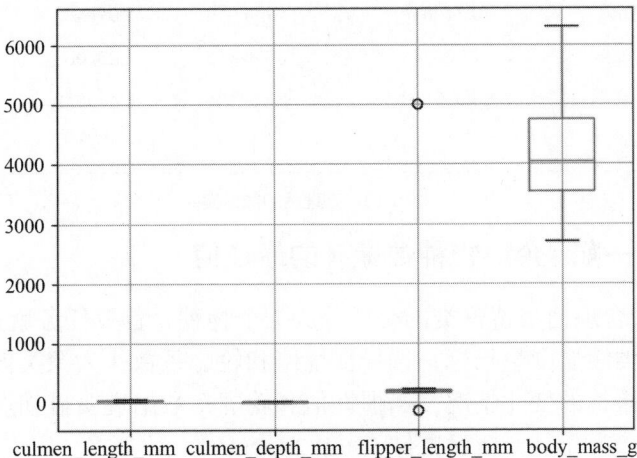

图 5-12　异常值分布情况

由图 5-12 可以看出，flipper_length_mm 字段存在异常值，后续需要对其进行过滤处理。

2. 对数据进行预处理

根据前面的数据分析，分别对数据进行空值删除、异常值剔除和数据的标准化处理。代码如下。

```
1   df = datas.dropna()
2   df = df.loc[(df['flipper_length_mm']<4000) &
```

```
        (df['flipper_length_mm']>0)]
3   df = pd.get_dummies(df)
4   df = df.drop('sex_.',axis = 1)
5   scaler = StandardScaler()
6   df_scaler = scaler.fit_transform(df)
7   df_scaler = pd.DataFrame(df_scaler,columns = df.columns)
```

代码行 1 删除所有带空值的行。代码行 2 剔除 flipper_length_mm 字段值大于 0 或小于 4000 的行。代码行 3 将数据集 df 中的类别离散变量的不同取值变换为 0 或 1，有助于减少不必要的计算、提高计算效率和更好地捕捉类别离散变量之间的关系。代码行 4 删除存在无效值 "." 的列 "sex_."。代码行 5～7 构建标准化对象 scaler，对数据集 df 进行标准化处理，重新构建新的数据集 df_scaler。处理后的数据集如图 5-13 所示。

	culmen_length_mm	culmen_depth_mm	flipper_length_mm	body_mass_g	sex_FEMALE	sex_MALE
0	-0.905520	0.793126	-1.428125	-0.569709	-0.991031	0.997001
1	-0.831938	0.128503	-1.071522	-0.507579	1.009050	-1.003008
2	-0.684775	0.435252	-0.429637	-1.191006	1.009050	-1.003008
3	-1.347011	1.099875	-0.572278	-0.942487	1.009050	-1.003008
4	-0.868729	1.764498	-0.786240	-0.693968	-0.991031	0.997001
...	...	...	...	...	...	...
328	0.584511	-1.763116	0.925454	0.890339	1.009050	-1.003008
329	0.510929	-1.456367	0.996775	0.797145	1.009050	-1.003008
330	1.173166	-0.740619	1.496019	1.915480	-0.991031	0.997001
331	0.216602	-1.200743	0.782813	1.232053	1.009050	-1.003008
332	1.081188	-0.536120	0.854134	1.480572	-0.991031	0.997001

333 rows × 6 columns

图 5-13　处理后的数据集

5.3.5　任务 2——确定企鹅物种数量 k 的最佳值

【任务描述】为合理地将待聚类的企鹅分为 k 个物种，首要任务就是选定一个最佳的 k 值。根据前文的聚类性能度量指标，选择惯性值和轮廓系数作为聚类效果的评估值，观察取不同 k 值时两个指标的变化情况，当惯性值和轮廓系数出现明显拐点时，取对应的 k 值作为最佳物种数量。为此，要新建文件 5_task2.ipynb。

【任务目标】根据惯性值和轮廓系数的变化确定企鹅物种数量 k 的最佳值。

【完成步骤】

1. 导入相关的第三方库及模块

因为要对企鹅样本数据进行聚类，在读取样本数据的基础上，除进行聚类操作外，还要计算轮廓系数和惯性值，所以要通过以下代码导入相关的第三方库及模块。

```
1   from sklearn.cluster import KMeans
2   from sklearn.metrics import silhouette_score
```

2. 绘制 k 值与轮廓系数、惯性值的变化关系图

由图 5-10 可以看出，企鹅的物种数量在 4 附近。因此，设定 k 的取值范围为[2,8]，在不同的 k 值下对样本数据进行聚类训练，然后计算对应的轮廓系数和惯性值，最后绘制出 k 值与轮廓系数、惯性值的变化关系图。实现代码如下。

```
1   sc = []
2   inertia = []
3   for i in range(2,9):
4       kmeans = KMeans(n_clusters = i,n_init = 'auto',
            random_state = 151).fit(df_scaler)
5       sc_data = silhouette_score(df_scaler,kmeans.labels_)
6       sc.append(sc_data)
7       inertia.append(kmeans.inertia_)
8   plt.figure(figsize = (10,3))
9   ax1 = plt.subplot(121)
10  plt.plot(range(2,9),sc,marker = 'o')
11  ax1.set_xlabel('k   (a)')
12  ax1.set_ylabel('sc')
13  ax2 = plt.subplot(122)
14  plt.plot(range(2,9),inertia,marker = 'o')
15  ax2.set_xlabel('k   (b)')
16  ax2.set_ylabel('inertia')
17  plt.show()
```

代码行 4 对企鹅样本数据 df_scaler 按 k 均值算法进行聚类训练，得到聚类结果 kmeans。代码行 5～6 利用 silhouette_score 函数计算聚类后的轮廓系数 sc_data，并把轮廓系数存放在列表 sc 中。代码行 7 将样本离各质心的距离总和 inertia_ 存入列表变量 inertia 中。代码行 8～16 分别定义图像大小以及绘制 k 值与轮廓系数、惯性值的变化关系图。代码的运行结果如图 5-14 所示。

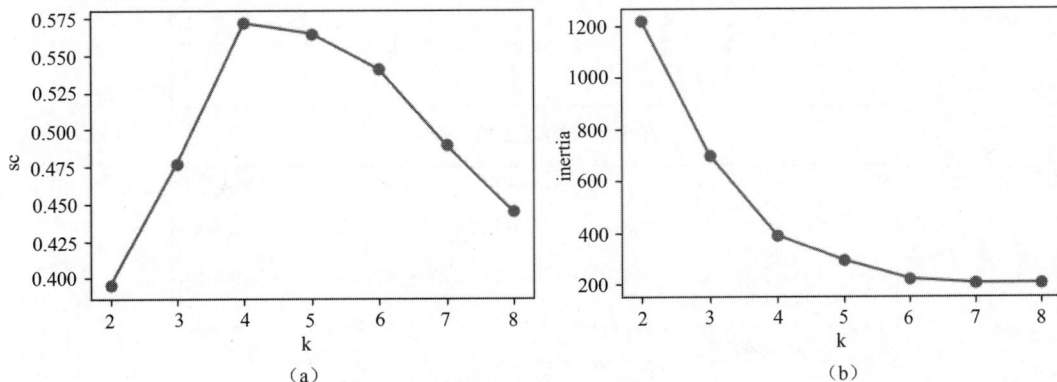

图 5-14　代码的运行结果

由图 5-14 所示的运行结果可以看出，k 在等于 4 时出现了明显的拐点，此处的轮廓系数最大，同时各样本离最近质心的总和很小，已进入缓慢变小的状态。说明 $k=4$ 时，同类

样本高度内聚，类间相距较远。这与图 5-10 降维分析的结果一致，进一步说明了 $k=4$ 时聚类效果最佳。

5.3.6　任务 3——绘制企鹅聚类后的散点图

【任务描述】任务 2 的分析指出，当企鹅物种数量 $k=4$ 时，聚类效果是最佳的。因此，下面将对所有样本数据按 $k=4$ 重新聚类，并绘制出聚类后两两特征构成的散点图，观察其聚类效果。

【任务目标】绘制出按 $k=4$ 聚类后两两特征构成的散点图，并进行可视化分析。

【完成步骤】

1．按 $k=4$ 对企鹅样本数据进行聚类

企鹅数据集预处理后有 6 个特征数据，按该特征数据集进行 k 均值算法训练，代码如下。

```
kmeans4 = KMeans(n_clusters = 4,n_init = 'auto',
random_state = 151).fit(df_scaler)
```

训练结束后，通过以下代码观察聚类后的样本簇号和质心。

```
Kmeans4.labels_
Kmeans4.cluster_centers_
```

聚类后的样本簇号和质心分别如图 5-15 和图 5-16 所示。

```
array([2, 1, 1, 1, 2, 1, 2, 1, 2, 1, 1, 2, 1, 2, 1, 2, 1, 2, 2, 1, 2, 1,
       1, 2, 1, 2, 1, 2, 1, 2, 1, 2, 1, 2, 1, 2, 1, 2, 1, 2, 1, 2, 1,
       2, 1, 2, 1, 2, 1, 2, 1, 2, 1, 1, 2, 1, 2, 1, 2, 1, 2, 1, 2, 1,
       2, 1, 2, 1, 2, 1, 2, 1, 2, 1, 2, 1, 2, 1, 2, 1, 1, 2, 1, 2, 1,
       2, 1, 2, 1, 2, 1, 2, 1, 2, 1, 2, 1, 2, 1, 2, 1, 2, 1, 2, 1, 2, 1,
       2, 1, 2, 1, 2, 1, 2, 1, 2, 1, 2, 1, 2, 1, 2, 1, 2, 1, 2, 1,
       2, 1, 2, 1, 2, 1, 2, 2, 1, 1, 2, 1, 2, 1, 2, 2, 1, 2, 1, 1, 2, 1,
       2, 1, 2, 1, 2, 2, 1, 1, 2, 1, 2, 1, 2, 2, 1, 2, 1, 1, 2, 1,
       2, 1, 2, 1, 2, 1, 1, 2, 1, 2, 1, 2, 1, 1, 2, 1, 2, 1, 2, 1,
       2, 1, 2, 1, 2, 1, 2, 1, 2, 2, 1, 3, 0, 3, 0, 0, 0, 3, 3,
       0, 3, 0, 3, 0, 3, 0, 3, 0, 3, 0, 0, 3, 0, 0, 0, 0, 3, 0,
       0, 3, 3, 0, 3, 0, 3, 0, 3, 0, 3, 0, 0, 3, 3, 0, 3, 0, 3, 0,
       3, 0, 3, 0, 3, 0, 3, 0, 3, 0, 0, 3, 0, 3, 0, 0, 3, 3,
       0, 3, 0, 3, 0, 3, 0, 3, 0, 3, 0, 3, 0, 3, 0, 3, 0, 3, 0, 0,
       3, 0, 3, 0, 3, 0, 3, 0, 3, 0, 3, 0, 3, 0, 3, 0, 3, 0, 3, 3,
       0, 3, 0])
```

图 5-15　聚类后的样本簇号

```
array([[ 1.0027816 , -0.73140008,  1.46328141,  1.58598843, -0.99103121,
         0.99700149],
       [-0.69990374,  0.23648629, -0.8542276 , -0.98081025,  1.00904996,
        -1.00300753],
       [-0.02653004,  1.00341299, -0.44645776, -0.25085457, -0.99103121,
         0.99700149],
       [ 0.28020689, -1.47543058,  0.83841882,  0.5896947 ,  0.97515028,
        -1.00300753]])
```

图 5-16　聚类后的质心

可以看出，聚类后所有样本数据被分为 4 个簇，其中簇号为 0 的样本有 61 个，簇号为 1 的样本有 107 个，簇号为 2 的样本有 106 个，簇号为 3 的样本有 59 个。4 个簇的质心有明显的差别。

2. 绘制聚类后样本的散点图

为直观、清晰地了解特征组合对样本分布的影响，按企鹅不同的特征对来绘制对应的散点图，用不同的颜色来区分样本类别，代码如下。

```
1   import seaborn as sns
2   df_scaler['物种'] = kmeans4.labels_
3   plt.rcParams['font.sans-serif'] = ['SimHei']
4   plt.rcParams['axes.unicode_minus'] = False
5   g = sns.PairGrid(df_scaler,hue = "物种",palette = 'deep')
6   g.map(sns.scatterplot)
7   g.add_legend()
8   plt.show()
```

代码行 2 在数据集 df_scaler 中添加新列"物种"的标签数据，代码行 5 绘制变量关系图，代码行 6 定义在对角线绘制散点图。代码的运行结果如图 5-17 所示。

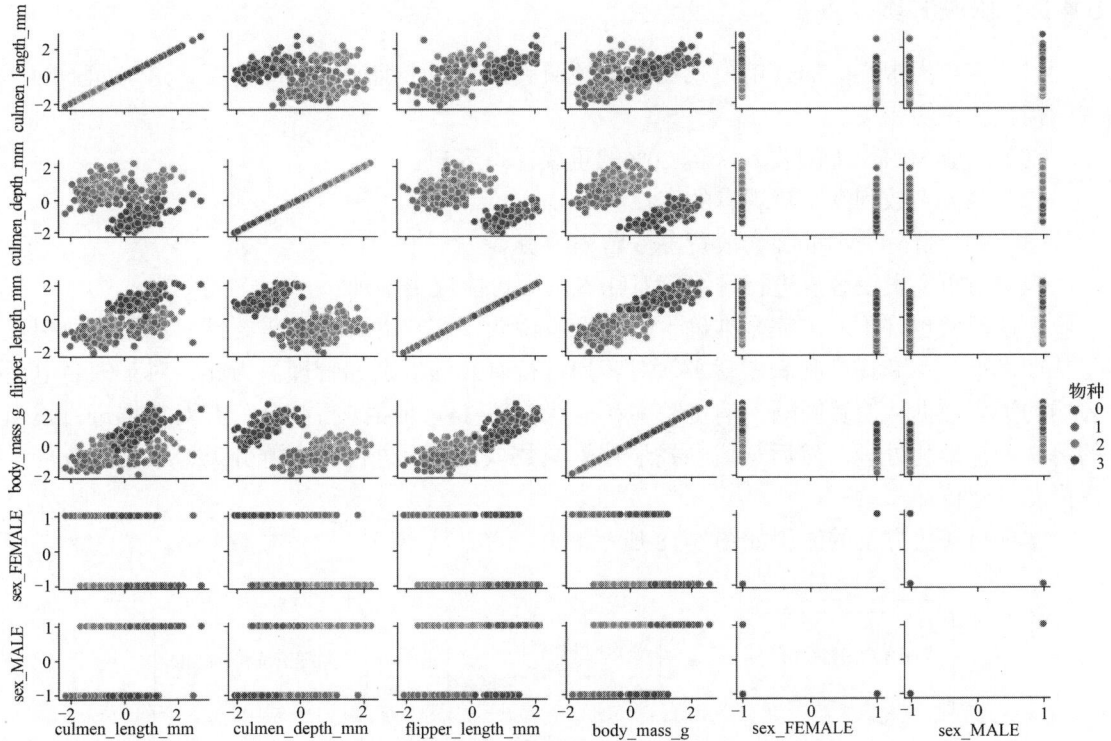

图 5-17　聚类后企鹅样本散点图

由图 5-17 可以看出，由喙深度、重量构成的散点图中 4 类样本分布比较均匀，簇内相对比较紧凑，除个别样本存在混淆外，其他样本在整个空间呈现明显的聚类分布。除此以外，在性别维度上，4 类样本也分别呈现出明显的高密度分布情况。而由其他特征配对形成的散点图中，4 类样本之间界限模糊，聚类效果比较差。因此，不难归纳出结论：企鹅的喙深度、重量和性别 3 个指标可能是区分企鹅物种的主要因素。至此，成功将 333 个企鹅样本分为 4 个物种。如果事先有样本集标签，还可以进一步验证聚类结果的准确率。

项目 2——电商客户
分类

5.4 项目 2——电商客户分类

5.4.1 提出问题

随着信息技术的快速发展和电商市场线上消费人群日趋壮大，众多的企业将营销重点从产品转向客户，维持良好的客户关系逐渐成为企业发展的核心。商场如战场，只有充分了解客户群体，知道哪些客户是重要保持客户、哪些客户是重要发展客户、哪些客户是一般挽留客户等，企业才能在有限的资源下针对不同类别的客户制订个性化服务方案，采取不同的营销策略，实现企业利润的最大化。如何精准区分电商系统中客户目前的状态，并根据客户群分类结果采取不同的措施，从而保持客户黏度，是具有挑战性的问题。本项目将基于该场景采用聚类分析算法将电商客户合理分类，并基于不同类别的客户群体特征采取不同的营销策略来保持客户黏度。

5.4.2 解决方案

以"客户为中心"的营销模式在电商领域被提升到了前所未有的高度，这与如下的一些营销经验密切相关。

（1）企业 80%以上的收入来自 20%的重要保持客户。

（2）绝大多数利润来自现有的客户。

（3）客户群分类不准确会浪费多数营销经费。

（4）对重要发展客户进行升级就意味着利润可能成倍增加。

上述经验也许不一定完全准确，但它至少说明了客户群分类的重要性。如果企业想获得长期发展、不断提升利润，就必须对客户进行有效的识别和管理。为此，对某知名电商公司的销售数据从消费间隔、消费频率和消费总额 3 个维度进行统计，并对数据进行适当的清洗和标准化处理，然后迭代寻找最佳聚类数 k，最后进行客户群分类，结合业务场景提供营销建议。

本项目解决方案的流程如图 5-18 所示。

图 5-18　解决方案的流程

5.4.3 预备知识

客户群分类就是通过客户数据来识别不同价值的客户，那靠什么来识别客户呢？这就要构建相应的客户识别模型，RFM 模型就是应用较广的客户识别模型。

1．RFM 模型介绍

R（Recency）指客户最近一次消费时间与当前时间的间隔。显然，R 越小，说明客户对即时提供的产品或服务最有可能感兴趣，倾向于或喜欢在这里消费。

F（Frequency）指客户在某段时间内的消费频率。F 越大，说明客户对产品或服务的满意度越高，忠诚度也越高，这样的客户对企业而言价值很大。

M（Monetary）指客户在某段时间内的消费总额。M 越大，说明客户的消费能力越强，这也符合"20%的重要保持客户贡献了80%的效益"的"二八原则"。对企业来说，要尽量留住 M 大的客户，刺激 M 小的客户消费。

在 RFM 模型中，消费间隔 R、消费频率 F 和消费总额 M 这 3 个要素是评价客户价值的重要指标。这 3 个指标都可以通过原始的客户消费记录来计算，有了这 3 个指标，就可以利用 k 均值算法对客户进行聚类，然后根据客户群分类结果来调整营销策略，以达到提升客户满意度和增加企业销售额的目的。

2．k 均值模型主要属性

一旦完成客户群分类，往往要进一步了解不同客户群体在 R、F、M 指标上的表现，如哪些客户群体在 R、F、M 上有显著的优势，哪些客户群体在 R、F、M 上有显著的劣势等。这就需要在聚类后能获取各簇质心，即各客户群体的特征值的均值向量，还有一些重要的属性，如聚类后的标签值、衡量聚类效果的惯性值等。k 均值模型的主要属性如表 5-2 所示。

表 5-2　k 均值模型的主要属性

属性	含义	备注
cluster_centers_	聚类质心，表示各簇中所有样本的平均值	是一个 ndarray 向量
labels_	聚类标签，表示各样本所属的簇的标记	是一个 ndarray 向量
inertia_	惯性值，表示各样本到各簇质心的距离的总和	是一个 float 值

【引例 5-2】对比聚类后 4 种企鹅的质心数据。

（1）引例描述

企鹅聚类后划分为 4 个物种，通过图表了解各物种企鹅在喙长度、喙深度、鳍肢长度等 6 个特征上的表现，从而总结出每个物种在各特征上的差异。

（2）引例分析

利用属性 cluster_centers_ 得到各簇质心，然后结合雷达图绘制出 4 个物种企鹅的特征分布图，直观对比各物种企鹅的质心数据。

（3）引例实现

```
1    datas = pd.read_csv('./data/penguins.csv',sep = ',')
2    df = datas.dropna()
3    df = df.loc[(df['flipper_length_mm']<4000) &
     (df['flipper_length_mm']>0)]
4    df = pd.get_dummies(df)
5    df = df.drop('sex_.',axis − 1)
```

```
6    scaler = StandardScaler()
7    df_scaler = scaler.fit_transform(df)
8    df_scaler = pd.DataFrame(df_scaler,columns = df.columns)
9    kmeans4 = KMeans(n_clusters = 4,n_init = 'auto',
         random_state = 151).fit(df_scaler)
10   cluster_centers = kmeans4.cluster_centers_
11   feature = ['喙长','喙深','鳍肢长','重量','雌性','雄性']
12   angles = np.linspace(0, 2*np.pi,len(feature), endpoint = False)
13   angles = np.concatenate((angles,[angles[0]]))
14   feature = np.concatenate((feature,[feature[0]]))
15   plt.rcParams['font.sans-serif'] = ['SimHei']
16   plt.rcParams['axes.unicode_minus'] = False
17   plt.figure(figsize = (8,4))
18   ax1 = plt.subplot(111, polar = True)
19   i = 0
20   for values in cluster_centers:
21       values = np.concatenate((values,[values[0]]))
22       ax1.plot(angles, values, 'o-', linewidth = 2,
             label = '簇'+str(i)+'质心')
23       i += 1
24   ax1.set_thetagrids(angles * 180/np.pi, feature)
25   plt.legend(bbox_to_anchor = (1.35,1))
26   plt.show()
```

　　代码行 8 得到数据预处理后的数据集 df_scaler。代码行 9 对数据集 df_scaler 按簇为 4 进行聚类处理。代码行 10 获取各簇的质心。代码行 13 定义喙长、喙深等 6 个特征指标在极坐标系上对应的角度坐标。代码行 14 定义与角度坐标对应的标签名称。代码行 18 在子图 ax1 上按极坐标系绘图。代码行 20～23 以循环的方式依次绘制出各簇质心的雷达图。代码行 24 为质心的各数据点定义标签。代码行 25 设置图例的位置为右上方。4 种企鹅的质心分布如图 5-19 所示。

图 5-19　4 种企鹅的质心分布

由图 5-19 可以看出，4 个物种的企鹅在喙深、雄性、雌性、重量 4 个方面的质心大小差异较为明显，在喙长、鳍肢长两个方面的质心大小差别并不太大。这说明不同物种的企鹅在喙深、性别、重量等方面的特征显著不同，可以基于该特征差异区分企鹅的物种，该结论与项目 1 的分析结果一致。

5.4.4 任务 1——选择最佳的客户群分类数目 k

【任务描述】下面根据 RFM 模型来统计客户的 3 个重要特征，对客户原始的消费记录进行汇总统计，计算出客户消费间隔 R、近半年的消费频率 F 和消费总额 M，这涉及数据的统计和预处理，在此略过，直接给出处理后的结果，保存在 RFM.csv 文件中。为此，要新建文件 5-4_task1.ipynb。

【任务目标】对文件 RFM.csv 进行聚类分析，通过对不同 k 值的聚类性能评估指标进行对比，选择最佳的客户群分类数目 k，为后续的客户群分类及营销策略制订打下基础。

【完成步骤】

1. 清洗掉无关的数据

通过以下代码导入数据后，观察前 5 行数据的结构，如图 5-20 所示。

```
from sklearn.cluster import KMeans
from sklearn import metrics
from sklearn import preprocessing
import matplotlib.pyplot as plt
import pandas as pd
kfm_datas = pd.read_csv(r'data\RFM.csv')
```

	user_id	R_days	F_times	M_money
0	1763	1	22	25900
1	1803	38	12	12290
2	2330	5	34	49514
3	3641	85	2	4419
4	3956	86	2	3368

图 5-20 原始样本数据

原始样本数据中，第一列 user_id 的数据只是标识客户的编号，不能作为聚类的特征来使用，因此要把该列从原始样本集中剔除，实现代码如下。

```
kfm_datas1 = kfm_datas.iloc[:,1:]
```

上述代码按索引对原始样本集进行切片，只取第一列以后的所有行数据。

2. 对数据进行标准化处理

从图 5-20 可以看出，R、F、M 这 3 个特征值相差很大，为消除不同量纲对聚类模型的影响、提高模型计算效率，通过以下代码对数据进行标准化处理。

```
X = preprocessing.StandardScaler().fit_transform(kfm_datas1)
```

进行标准化处理后，得到新的样本集 X。

3. 求不同 k 值下客户群分类的聚类性能指标

由于样本事先没有标注簇号，因此采用聚类的内部指标轮廓系数、CH 分数和惯性值来评估聚类效果，代码如下。

```
1   ch_score = []
2   ss_score = []
3   inertia = []
4   for k in range(2,10):
5       kmeans = KMeans(n_clusters = k,max_iter = 1000)
6       pred = kmeans.fit_predict(X)
7       ch = metrics.calinski_harabasz_score(X,pred)
8   ss = metrics.silhouette_score(X,pred)
9       ch_score.append(ch)
10      ss_score.append(ss)
11      inertia.append(kmeans.inertia_)
```

将客户分别按 R、F、M 这 3 个特征划分为 3 个等级，等同于最多可以将客户划分为 3×3×3=27 个群体，但划分太细不利于营销活动的开展和客户管理。因此，此处将客户群体数目 k 的取值范围指定为[2,9]，然后计算每个 k 值对应的聚类性能指标。

代码行 1、代码行 2、代码行 3 分别定义保存 CH 分数、轮廓系数和惯性值的 3 个列表变量。代码行 6 对样本集 X 进行聚类，返回聚类标签并保存在变量 pred 中，循环结束后，计算出不同客户群体数目 k 对应的聚类性能指标。

4. 绘制 3 个内部聚类性能指标的变化图

有了不同 k 值下的客户聚类性能指标，就可以据此分别绘制出 CH 分数、轮廓系数和惯性值随 k 值变化的折线图，然后综合观察 3 个内部指标的变化特征，最终确定最佳的客户群分类数目 k。绘制折线图的代码如下。

```
1   plt.figure(figsize = (10,4))
2   plt.rcParams['font.sans-serif'] = ['SimHei']
3   ax1 = plt.subplot(131)
4   plt.plot(list(range(2,10)),ch_score,label = 'CH分数',c = 'y')
5   plt.legend()
6   ax2 = plt.subplot(132)
7   plt.plot(list(range(2,10)),ss_score,label = '轮廓系数',c = 'b')
8   plt.legend()
9   ax3 = plt.subplot(133)
10  plt.plot(list(range(2,10)),inertia,label = '惯性值',c = 'g')
11  plt.legend()
12  plt.show()
```

代码行 3 指定在 1 行 3 列的第 1 张子图上绘图。代码行 4 以 k 为横坐标、CH 分数为纵坐标绘制折线图，图例标签为"CH 分数"，线条颜色为黄色。其他代码类似，请读者自行理解。3 个聚类性能指标随 k 变化的折线图如图 5-21 所示。

图 5-21 3 个聚类性能指标随 k 变化的折线图

由图 5-21 可以看出，各聚类性能指标的折线图在 $k=3$ 处出现明显的拐点，且 CH 分数相对较大，轮廓系数大于 0.5，惯性值相对较小，因此综合判断将客户群体分为 3 类时最合理。

5.4.5 任务 2——计算 3 类客户的 RFM 平均值

【任务描述】根据最佳 k 值 3 重新对客户进行聚类，根据各簇的质心来了解不同客户群体在 R、F、M 这 3 个特征上的平均值情况，据此结合业务实情来辨别 3 个具体的客户类型，如哪类是重要保持客户、哪类是重要发展客户、哪类是一般挽留客户等。为此，要新建文件 5-4_task2.ipynb。

【任务目标】对样本数据按 $k=3$ 重新聚类，求聚类结果的质心。

【完成步骤】

1. 重新聚类

按簇数 3 对客户重新聚类，得到各客户群体的质心和对应的标签。因为在聚类前对原始数据进行了标准化处理，所以要对质心进行反标准化转换，得到质心的原始值，即 R、F、M 的原始平均值。代码如下。

```
1    kfm_datas = pd.read_csv(r'data\RFM.csv')
2    kfm_datas1 = kfm_datas.iloc[:,1:]
3    stand_scaler = preprocessing.StandardScaler()
4    X = stand_scaler.fit_transform(kfm_datas1)
5    kmeans = KMeans(n_clusters = 3,random_state = 151,max_iter = 1000)
6    labels = pd.Series(kmeans.fit_predict(X))
```

代码行 5 按聚类数 3 对客户进行聚类，迭代次数为 1000。代码行 6 得到聚类后的各样本标签。

2. 求质心数据

```
1    centers = stand_scaler.inverse_transform(kmeans.cluster_centers_)
2    centers = pd.DataFrame(centers)
```

代码行 1 对各簇质心进行反标准化转换，以便得到原始值。代码行 2 将质心数据由数

人工智能基础与应用（第 2 版）（微课版）

组类型转换成 DataFrame 类型，方便观察和后续进行数据处理。各客户类型在 R、F、M 特征方面的平均值如图 5-22 所示。

	0	1	2
0	79.627660	3.276596	3135.212766
1	11.031250	29.906250	32775.125000
2	36.283784	12.972973	12199.662162

图 5-22　各客户类型在 R、F、M 特征方面的平均值

为更直观地观察各客户类型在 R、F、M 特征方面的表现情况，利用以下代码对质心数据进行处理，得到的结果如图 5-23 所示。

```
1  result = pd.concat([centers,labels.value_counts().sort_index
   (ascending = True)],axis = 1)
2  result.columns = list(kfm_datas1.columns)+ ['counts']
```

代码行 1 对聚类后的标签进行分类计数，并按标签升序排列计数结果，然后将排序结果与质心数据组合起来。

代码行 2 为分类计数结果添加 counts 列。

	R_days	F_times	M_money	counts
0	79.627660	3.276596	3135.212766	94
1	11.031250	29.906250	32775.125000	32
2	36.283784	12.972973	12199.662162	74

图 5-23　各客户类型统计数据

由图 5-23 可以看出，0 类客户平均消费间隔约为 79 天，在 3 类客户群体中间隔最久，且 0 类客户消费频率最低，消费总额也最少，因此，可以把该类客户定义为一般挽留客户。1 类客户的消费间隔约为 11 天，远小于其他两类客户，另外，该类客户的消费频率和消费总额均远高于其他两类客户，因此，可以把该类客户定义为重要保持客户。2 类客户各项数据居中，但整体而言，他们的消费频率和消费总额还是不错的，可以把他们为重要发展客户。

5.4.6　任务 3——为 3 类客户提出营销建议

【任务描述】对各个客户群体进行特征分析、价值排名，针对不同类型的客户群体提供不同的产品或服务，以达到提升客户消费水平的目的。为此，要新建文件 5-4_task3.ipynb。

【任务目标】分析各客户群体特征，提供相应的营销建议或策略。

【完成步骤】

1. 绘制客户群体的 R、F、M 指标折线图

在任务 2 的基础上绘制出各类客户消费间隔、消费频率和消费总额方面的对比图，以便直观观测各类客户的消费特征和差异，为营销建议的提出提供依据。实现代码如下。

```
1  fig = plt.figure(figsize = (10,4))
2  plt.rcParams['font.sans-serif'] = ['SimHei']
3  ax1 = plt.subplot(131)
4  plt.plot(list(range(1,4)),result.R_days,c = 'y',label = 'R指标')
```

```
5    plt.legend()
6    ax2 = plt.subplot(132)
7    plt.plot(list(range(1,4)),result.F_times,c = 'b',label = 'F指标')
8    plt.legend()
9    ax3 = plt.subplot(133)
10   plt.plot(list(range(1,4)),result.M_money,c = 'g',label = 'M指标')
11   plt.legend()
12   plt.show()
```

代码行 4、代码行 7、代码行 10 分别绘制 3 类客户的 R 指标、F 指标和 M 指标折线图。代码运行结果如图 5-24 所示。

图 5-24 3 类客户的 R、F、M 指标对比

由图 5-24 可以看出，3 类客户具有明显的消费差异和不同的市场价值，聚类效果显著，可以据此开展营销活动并进行客户管理。

2. 提供营销建议

对 3 类客户进行价值排名，然后分别给出营销建议，如表 5-3 所示。

表 5-3 客户群体价值排名及营销建议

客户群体号	客户群体名称	价值排名	营销建议
0	一般挽留客户	3	该类客户 R 最大，F 和 M 均最小，说明离上次消费比较久远，属于低价值或沉默客户，建议通过短信、E-mail 或其他方式"召回"或"唤醒"他们，通过一些打折促销活动来刺激消费
1	重要保持客户	1	该类客户 R 最小，F 和 M 最大，说明最近刚消费过，且近半年消费频率和消费总额都非常高，属于高忠诚度、高活跃度和高付费能力客户，是最需要重点维护的客户，建议安排专员一对一服务
2	重要发展客户	2	该类客户 R、F、M 均一般，活跃度一般，消费能力一般，属于仍在活跃的客户，但可能极易被竞品抢走，建议对这类客户多进行一些品牌上的宣传和满意度回访，开展有针对性的活动刺激他们多消费，提升客户的忠诚度和满意度

模块小结

人们很早就认识到聚类的重要性，"物以类聚，人以群分"就是很好的佐证。通过机器学习对企鹅数据集进行聚类，可以将企鹅合理地分为 4 个物种，从而解决判断企鹅数据集中包含多少物种的问题。如果在聚类过程中总能发现个别企鹅样本远离所有质心，那它有可能是一个新物种。用聚类方法还可以在其他类似的场景中预测不同的簇。

本模块只介绍了一种聚类算法，即 k 均值算法，读者可以尝试使用其他的聚类算法来解决新的问题。作为一种非常成熟和简单易用的机器学习算法，k 均值算法已成功应用于销售、安全、医疗等领域，项目 2 就是利用该算法来分类不同的客户。需要注意的是，尽管将客户分为 3 类是比较合理的，但在实际业务背景下，也可以根据业务要求将客户细分为 4 类或更多类。另外，为保证营销活动的针对性和时效性，建议每隔一段时间就重新聚类一次，灵活使用聚类指标和合理度量聚类性能是非常重要的。

课后习题

一、考考你

1. 下列关于聚类的说法中，正确的是_____。

   A. 聚类样本一定要有标签　　　　　　B. 应该将所有特征数据作为聚类依据

   C. 聚类的 k 值可以随意指定　　　　　D. 聚类质心就是各簇特征的平均值

2. 聚类性能评估指标_____在[−1,1]范围内，值越接近 1 说明聚类效果越好。

   A. CH 分数　　　　B. DBI　　　　C. 轮廓系数　　　　D. 惯性值

3. k 均值模型的_____参数能保证聚类结果复现。

   A. random_state　　B. init　　　　C. max_iter　　　　D. algorithm

4. 说明聚类效果好的主要依据是_____。

   A. 各类之间的界限明显　　　　　　　B. 各样本离各自质心距离之和最小

   C. 类别之间的协方差大　　　　　　　D. 同类样本紧凑，不同类样本相距远

5. 关于 RFM 模型的应用，说法错误的是_____。

   A. R、F、M 是区分客户的 3 个重要特征

   B. 这 3 个特征是基于原始数据统计出来的

   C. 在具体场景应用 RFM 模型时可以添加其他指标

   D. 项目 2 不进行数据标准化处理也是可以的

6. 数据降维的主要目的是_____。

   A. 方便数据预处理

   B. 保持数据的关系不变

   C. 减少数据维度，方便数据可视化和提高计算速度等

   D. 使同类样本紧凑，不同类样本相距远

7. 构建 k 均值模型的函数名是_____。

   A. k-means　　　　B. K-Means　　　　C. kmeans　　　　D. KMeans

8. 之所以可以使用 k 均值算法来对企鹅进行分类，是因为_____。

A. 所有的企鹅有自己的标签   B. k 均值算法适合物品分类

C. 企鹅的物种数量有限   D. k 均值算法能对有特征的样本进行聚类

9. 下列哪一项不是应用 k 均值算法必须考虑的问题 _____。

A. k 的取值大小   B. 聚类结束条件

C. 质心的选择方法   D. 样本大小

10. k 均值算法停止的条件有_____（多选）。

A. 质心都不再变化   B. 质心变化的幅度小于指定的阈值

C. 达到最大的迭代次数   D. 聚类误差小于指定阈值

二、亮一亮

1. 在项目 1 中用 k 均值算法对企鹅进行聚类时，有哪些方法能帮助找到最优的 k 值？

2. 在项目 2 的电商客户分类过程中，求各类客户样本的平均值有何意义？请举例说明。

三、帮帮我

Wholesale customers data.csv 文件保存有批发商客户数据，前 5 行数据如图 5-25 所示。

	Channel	Region	Fresh	Milk	Grocery	Frozen	Detergents_Paper	Delicassen
0	2	3	12669	9656	7561	214	2674	1338
1	2	3	7057	9810	9568	1762	3293	1776
2	2	3	6353	8808	7684	2405	3516	7844
3	1	3	13265	1196	4221	6404	507	1788
4	2	3	22615	5410	7198	3915	1777	5185

图 5-25 批发商客户数据（前 5 行）

（1）Channel：客户渠道，1 指酒店类，2 指零售类。

（2）Region：客户所在地区，1 指里斯本，2 指波尔图，3 指其他地区。

（3）Fresh：在新鲜产品上的支出。

（4）Milk：在乳制品上的支出。

（5）Grocery：在杂货上的支出。

（6）Frozen：在冷冻产品上的支出。

（7）Detergents_Paper：在清洁剂（纸）上的支出。

（8）Delicassen：在熟食上的支出。

请运用 k 均值算法对这 400 名批发商客户进行分类，并尝试解释分类结果。提示：聚类时只考虑后 6 个特征，因为这 6 个特征代表客户的进货能力。

模块 ❻ 个性化推荐：主动满足你的需求

随着移动互联网和智慧物流的持续发展，以及各大网络营销活动的推广，线上购物已成为人们日常生活中必不可少的部分。对年轻人而言，线上购物已成为一种新时尚和新习惯。用户每一次的线上购物都会留下行为数据，基于这些用户行为数据，线上商城能利用推荐系统来了解用户的偏好和兴趣，从而主动给用户推荐他们可能感兴趣的商品信息。用信息化手段感知社会态势、疏通沟通渠道、辅助科学决策，让互联网更好地造福人民。那么，推荐系统是如何找到用户感兴趣的信息的呢？在不同的应用场景中又有哪些推荐算法可以帮助人们解决推荐问题呢？通过学习本模块，可以找到这些问题的答案。

本模块内容导读如图 6-1 所示。

图 6-1　模块 6 内容导读

6.1 认识个性化推荐

6.1.1　个性化推荐的思路

推荐系统能为人们提供个性化的智能服务，其基于的事实认知：人们更喜欢那些与自己喜欢的东西相似的物品、倾向于与和自己相似的人有相似的爱好，或者不同的客户群体有固定的购物习惯等。推荐系统尝试捕捉这一规律，以预测用户可能喜欢的物品，并主动将其推荐给用户，从而让用户对系统产生依赖和获得较好的服务体验，提高用户忠诚度。个性化推荐的实现过程如图 6-2 所示。

图 6-2 中的用户信息、物品信息和用户行为数据隐藏了用户的偏好，用户行为数据将用户和物品关联起来。例如，小明从网上购买了一本《人工智能基础》，就可以认为他对人工智能感兴趣，给他推荐一本《机器学习》是合情合理的。又如张海尽管没有购买人工智能方面的书，但发现他与小明在用户信息方面非常相似，就可以根据"相似的人具有相似

的爱好"这个用户兴趣模型向张海推荐《人工智能基础》这本书。还有一些其他的用户购买现象，如购买婴儿奶粉的男性顾客中，相当一部分同时购买了啤酒。事后了解到这些顾客在购买奶粉时会顺手购买啤酒犒劳自己。因此，零售商可以向购买了婴儿奶粉的男性顾客推荐啤酒优惠信息。

图 6-2　个性化推荐的实现过程

　　总而言之，推荐系统首先分析用户行为数据，然后根据用户兴趣模型（相似的人有相似的爱好、用户喜欢相似的物品、用户有固定的购物习惯等）和相应的推荐算法对样本数据进行筛选过滤，找到用户可能感兴趣的待推荐物品，最后按序将预测结果推荐给用户。这就是个性化推荐的实现过程。

　　推荐系统的任务就是连接用户和物品，创造价值。作为一种信息过滤系统，推荐系统具有以下两个显著的特性。

　　（1）主动化。从用户角度考虑，门户网站和搜索引擎都是解决信息过载问题的有效方式，但它们都需要用户提供明确需求，如要购买什么名称的书、购买什么类型的手机等。当用户无法准确描述自己的需求时，这两种方式就无法为用户提供精确的服务了。推荐系统不需要用户提供明确的需求，它通过分析用户和物品的数据对用户和物品进行建模，从而主动为用户推荐他们感兴趣的物品信息。

　　（2）个性化。推荐系统能够更好地发掘长尾信息，即将冷门物品推荐给用户。热门物品通常代表绝大多数用户的需求，而冷门物品往往代表一小部分用户的个性化需求。在电商平台火热发展的时代，由冷门物品带来的营业额甚至可能超过热门物品，发掘长尾信息是推荐系统的重要研究方向之一。

　　目前，推荐系统已广泛应用于诸多领域，如图 6-3 所示。具体包括传媒行业、电商行业、视频行业、广电行业、阅读行业、直播行业等。下面介绍推荐系统的具体应用。

　　（1）电商平台。目前推荐系统已经基本成为电商平台的标配。主流的电商平台具有多种推荐形式，如"猜你喜欢""购买此商品的用户也购买了……"等，此外还有隐式商品推荐，如在搜索结果中将推荐商品的排名提前。

　　（2）个性化视频网站。每年都有大量电影上映，由用户自制的短视频也越来越多，用户很难从海量节目中选择、观看。个性化视频网站可以基于用户的历史观看记录以及视频之间的内在联系分析用户潜在的兴趣，向用户推荐其感兴趣的视频。

图 6-3　推荐系统应用领域

（3）音乐歌单。目前音频类个性化推荐系统主要是向用户推荐歌曲或播单，好的推荐系统会让用户有既熟悉又惊喜的感觉。其推荐方法与视频推荐类似，即基于音乐的风格、用户的收听历史和收听行为等进行推荐。

（4）社交网络。推荐系统在社交网络中的应用主要是好友推荐和内容推荐。好友推荐是指在社交网络中向用户推荐具有共同兴趣的用户，使其成为自己的好友。用户之间可以通过关系网建立联系，还可以通过阅读、点赞、评论相同的博文等来建立联系。如果两个用户有多个共同的标签，曾经评论或转发过相同的信息，则说明他们都对这条信息感兴趣。应用基于用户的协同过滤推荐算法就可以向用户进行个性化内容推荐。在社交网站中，用户之间形成一个社交网络图，可以用该图分析用户之间兴趣的相似性，例如，在学术社区中发现同行，即面向那些研究领域相同但在网站中并非好友的用户，推荐他们互加好友。

（5）新闻网站。在新闻网站中应用推荐系统可以方便用户及时获取个性化信息，减少用户查阅、检索新闻的时间，并提供更好的阅读体验，从而增加用户黏性。该推荐系统一般采用基于内容的协同过滤推荐算法实现。其中数据包括用户属性特征、浏览历史和浏览的新闻内容等，从而解决因新闻量过大而给用户带来的信息过载和迷失问题。

推荐系统中常有"冷启动"的问题。它是指新用户注册或者新物品入库时，该怎样给新用户提供推荐服务，让用户满意，怎样将新物品推荐给喜欢它的用户。例如一个网站刚建立，用户和物品比较少，用户行为数据更少，所以很难基于用户的行为去进行推荐。为解决这个问题，可以使用热门内容作为推荐结果，逐渐收集用户行为数据，不断完善推荐结果，吸引更多用户注册和消费，从而形成良性循环。

6.1.2　推荐算法分类

根据使用数据的不同，推荐系统可分为基于用户行为的推荐、基于内容的推荐、基于社交网络的推荐等。主流的推荐算法主要有协同过滤推荐（Collaborative Filtering Recommendation）算法、基于内容推荐（Content-Based Recommendation）算法和关联规则推荐（Association Rule Recommendation）算法这 3 种。

1. 协同过滤推荐算法

协同过滤推荐算法是推荐领域中应用较广泛的算法，该算法不需要预先获得用户或物品的特征数据，仅依赖于用户的历史行为数据对用户进行建模，从而为用户进行推荐。协同过滤推荐算法主要包括基于用户的协同过滤（User-Based CF，UserCF）推荐算法、基于物品的协同过滤（Item-Based CF，ItemCF）推荐算法。基于用户和物品的协同过滤推荐算法是通过统计学方法对数据进行分析的，因此也称为基于内存的协同过滤推荐算法或基于邻域的协同过滤推荐算法。

（1）基于用户的协同过滤推荐算法

基于用户的协同过滤推荐算法的基本思想为：给用户推荐和他兴趣相似的用户感兴趣的物品。当需要为用户 A 推荐时，首先找到和 A 兴趣相似的用户集合（用 U 表示），然后把集合 U 中所有用户感兴趣而 A 没有听说过（未进行过操作）的物品推荐给 A。算法分为以下两个步骤。

① 计算用户之间的相似度，选取最相似的 N 个用户构成用户集合。

② 找到集合中用户喜欢但目标用户没有用过的物品，将其推荐给目标用户。

相似度计算是协同过滤推荐算法的重要内容，就是计算两个向量之间的距离，距离越近相似度越高。例如，将一个用户对所有物品的偏好（用户对物品的喜好程度，如评分、评论或投票等）作为一个向量，两个向量间的距离就是用户之间的相似度。相似度通常用皮尔逊相关系数或余弦向量相似度表示。

- 皮尔逊相关系数如下所示。

$$P(x,y) = \frac{\sum_{i=1}^{n}(x_i - \bar{x})(y_i - \bar{y})}{\sqrt{\sum_{i=1}^{n}(x_i - \bar{x})^2 \sum_{i=1}^{n}(y_i - \bar{y})^2}}$$

x_i 和 y_i 分别表示用户 A、用户 B 对物品 i 的偏好或评分，$\bar{x}$ 表示所有被用户评价过的物品的平均分，$P(x,y)$ 为用户 A、B 之间的皮尔逊相关系数，其值范围是[-1,1]，值大于 0 表示两个用户正相关，小于 0 表示两个用户负相关，等于 0 表示不相关。皮尔逊相关系数的绝对值越大，表示两个用户的相关性越强。

- 余弦向量相似度。余弦向量相似度用向量空间中两个向量夹角的余弦值衡量两个个体间差异的大小。余弦值越接近 1，就表明夹角越接近 0°，也就是两个向量越相似，如图 6-4 所示，即向量 a 与向量 b 的余弦向量相似度 $\text{sim}(a,b) = \cos(\theta)$。

当向量 a 与向量 b 的夹角 θ 为 0° 时，$\text{sim}(a,b) = 1$，向量 a 和向量 b 重合，即两者相等。当 θ 为 90° 时，$\text{sim}(a,b) = 0$，表示两者不相关。当 θ 为 180° 时，$\text{sim}(a,b) = -1$，向量 a 与 b 方向相反，表示两者完全负相关。余弦向量相似度理论就是基于上述基本思想来计算个体之间相似度的一种方法，计算公式如下。

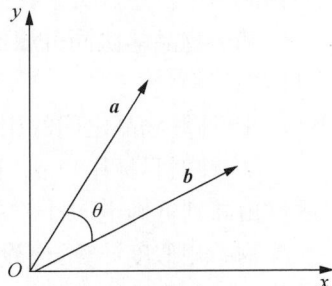

图 6-4 两向量夹角

$$\cos(\theta) = \text{sim}(x, y) = \frac{\sum_{i=1}^{n}(x_i \cdot y_i)}{\sqrt{\sum_{i=1}^{n}(x_i)^2} \cdot \sqrt{\sum_{i=1}^{n}(y_i)^2}}$$

x_i 和 y_i 分别表示用户 A、用户 B 对物品 i 的评分。可以看出，无论采用皮尔逊相关系数还是余弦向量相似度来计算用户之间的相似度，前提都是用户对物品有评分。如果是一个新的用户，他没有购物行为，就无法用评分向量来计算相似度，这种情况称为"冷启动"。一种解决"冷启动"问题的方法是利用用户自身的个体特征（如兴趣、职业、性别、年龄等）来计算用户之间的相似度，然后进行用户协同过滤推荐。

基于用户的协同过滤推荐示例如表 6-1 所示。该表是 3 个用户购物的情况，要解决的问题是该向用户 D 推荐什么物品。

表 6-1　用户购物情况

用户	物品 1	物品 2	物品 3	物品 4	物品 5
用户 A	√		√	√	
用户 B		√	√		
用户 C	√		√		√
用户 D	√		√	推荐	推荐

从表 6-1 可以看到与用户 D 最相似的用户集合 $U=\{$用户 A,用户 C$\}$，由此可知用户 A 和用户 C 喜欢的物品很有可能用户 D 也喜欢，所以将用户 A、用户 C 喜欢的{物品 4,物品 5}推荐给用户 D 是合适的。

显然，如果用户的数目巨大，则计算用户之间相似度的时间复杂度和空间复杂度会很大，实时在线计算会比较困难，一般采用离线的方式进行推荐。基于用户的协同过滤推荐算法是基于用户群体的兴趣进行推荐的，符合用户的兴趣在一段时间内是相对稳定的这一事实，因此尽管其是滞后进行推荐的，但推荐结果一般较为准确。

（2）基于物品的协同过滤推荐算法

基于物品的协同过滤推荐算法是目前应用较为广泛的算法，该算法的基本思想为：给用户推荐与他们以前喜欢的物品相似的物品。这里所说的相似并非从物品的角度出发，而是基于一种假设：喜欢物品 1 的用户大多也喜欢物品 2，代表着物品 1 和物品 2 相似。基于物品的协同过滤推荐算法能够为推荐结果做出合理的解释，如电子商务网站中的"购买该物品的用户还购买了其他物品……"。

基于物品的协同过滤推荐算法的计算步骤和基于用户的协同过滤推荐算法大致相同，具体如下。

① 计算物品之间的相似度。

② 针对目标用户 u，找到和用户感兴趣的物品最相似的物品集合，然后根据其感兴趣程度由高到低确定 N 个物品并推荐给用户 u。

物品相似度计算：假设 $N(i)$ 为喜欢物品 i 的用户集合，$N(j)$ 为喜欢物品 j 的用户集合，则物品相似度计算公式如下。

$$\text{sim}_{ij} = \frac{|N(i) \cap N(j)|}{|N(i)|}$$

上述公式将物品 i 和物品 j 的相似度定义为：喜欢物品 i 的用户中有多少也同时喜欢物品 j。不难看出，如果相似度较大，且一个用户只购买了物品 i，那么可以认为该用户对物品 j 的兴趣很高，因为多数其他用户购买物品 i 的同时购买了物品 j，所以将物品推荐给该用户是合理的。但如果物品 j 十分热门，大部分用户都很喜欢，那么会造成所有物品都和物品 j 有较高的相似度，因此可以对计算公式进行如下改进。

$$\text{sim}_{ij} = \frac{|N(i) \cap N(j)|}{\sqrt{|N(i) \cdot N(j)|}}$$

改进后的计算公式降低了物品 j 的热门度，在一定程度上降低了热门物品对相似度带来的影响。

得到物品相似度后，可以根据如下公式计算用户 u 对可能感兴趣的物品 j 的兴趣度（或评分）$r(u, j)$。

$$r(u, j) = \sum_{j \in S(i) \cap N(u)} \text{sim}_{ij} r_{ui}$$

其中 $S(i)$ 代表和物品 i 最相似的 N 个物品，$N(u)$ 为用户 u 曾经感兴趣的物品集合（i 是该集合中的某一个物品），sim_{ij} 为物品 i 和物品 j 的相似度，r_{ui} 为用户 u 对物品 i 的兴趣度。该公式的含义为：与用户曾经感兴趣的物品越相似的物品，越有可能在用户的推荐列表中获得比较高的排名。

例如，用户 u 从某网站购买了《人工智能基础》《Python 编程》两本书，试采用基于物品的协同过滤推荐算法为用户 u 推荐几本书。

首先计算这两本书与其他书的物品相似度，分别找出和它们最相似的 3 本书（此处只取前 3 个最相似的物品），然后根据兴趣度计算公式计算用户 u 对每本书的兴趣度，最后按兴趣度大小列出书的信息，完成推荐，整个推荐过程如图 6-5 所示。

图 6-5 基于物品的协同过滤推荐过程

由此可见，基于物品的协同过滤推荐算法的推荐结果更加个性化，反映了用户的个人兴趣，对挖掘长尾物品有很大帮助，被广泛应用于电子商务系统。在物品数较多时，物品相似度计算效率较低，因此通常以一定的时间间隔进行离线计算，然后将物品相似度数据缓存在内存中。这样一来，便可以根据用户的新行为实时向用户进行物品推荐。

2. 基于内容推荐算法

基于内容推荐的基本思想是向用户推荐与其感兴趣的内容相似的物品，如用户喜欢励志类电影，那么系统会直接向他推荐《阿甘正传》这部电影。这个过程综合考虑了用户兴趣和电影内容，因此不需要提供用户的历史行为数据，这能够很好地解决新用户的"冷启动"问题。基于内容推荐的关键是对用户兴趣特征和物品特征进行建模，主要方法有向量空间模型、线性分类、线性回归等。

基于内容推荐算法流程如下。

（1）为每个物品（Item）构建一个物品的特征（Item Profile）。

（2）为每个用户（User）构建一个用户的喜好特征（User Profile）。

（3）计算用户喜好特征与物品特征的相似度，相似度高意味着用户可能喜欢这个物品，相似度低往往意味着用户可能不喜欢这个物品，为用户推荐一组相似度最高的物品即可。

基于内容推荐需要预先提供用户和物品的特征数据，如对于电影推荐系统，需要提供用户感兴趣的电影类别、演员、导演等数据作为用户特征，还需要提供电影的内容属性、演员、导演、时长等数据作为物品特征。在实际应用中，这些需要进行预处理的数据处理起来往往十分困难，尤其是多媒体数据（视频、音频、图像等），在预处理过程中很难对物品的内容进行准确的分类和描述，并且在数据量很大的情况下，预处理效率会很低。针对以上不足，出现了基于标签的推荐算法，可以由专家或用户对物品标注标签，实现对物品的分类。

3. 关联规则推荐算法

关联规则推荐算法是一种常用于电子购物的个性化推荐方法，其原理基于物品之间的关联性，通过对用户的购买记录进行规则挖掘，发现不同用户群体之间共同的购买习惯，从而实现用户群体的兴趣建模和物品推荐。例如在超市通道等待结账时顺手买一包口香糖，或在购买啤酒时顺便买一袋花生米等，这些看似冲动的购买行为中其实隐藏了某些购买模式。早期的关联规则分析主要用于零售行业的购物行为分析，所以也称为购物清单分析。

表 6-2 所示为用户交易记录，也称事务数据集。其中，面包、牛奶、啤酒等是独立的物品项，即项目。所有项目的集合称为总项集。表 6-2 的总项集 $S=${牛奶,面包,尿不湿,啤酒,鸡蛋,可乐,花生酱}，而项集是指总项集中所有不同项目分别组合形成的集合，如{牛奶}、{牛奶,面包}、{牛奶,尿不湿,啤酒}等。项目数为 k 的项集称为 k-项集，因此，上述项集分别是1-项集、2-项集、3-项集。

表 6-2 用户交易记录

事务编号（TID）	商品项（Items）
T1	{牛奶,面包}
T2	{尿不湿,啤酒,牛奶,可乐}
T3	{尿不湿,啤酒,牛奶,面包}
T4	{尿不湿,啤酒,牛奶,面包,鸡蛋}
T5	{尿不湿,牛奶,面包,花生酱}

每一行是用户的一次购买行为，可以将其理解为购物小票或一条线上订单记录，每个用户可以有多次不同的购买行为，用事务编号来唯一标识，Items 是用户在一次购物中购买的所有物品。可以看到有些用户购买尿不湿的同时会购买啤酒，即{尿不湿}→{啤酒}就是一条关联规则，该关联规则用通俗易懂的语言表达就是：如果一位顾客购买了尿不湿，那么他很有可能购买啤酒。因此，关联规则可用来搜索大量元素之间有趣或有用的联系，表 6-2 中一些简单的关联规则可以通过观察得到，但如果数据库庞大且复杂，则只能通过相关算法来找到关联规则。

关联规则是否令人感兴趣取决于 3 个统计量：支持度（support）、置信度（confidence）和提升度（lift）。

（1）支持度是指两件物品 A 和 B 在总销售数 N 中同时出现的概率，即物品 A 与物品 B 同时被购买的概率，其计算公式如下。

$$support(A \cap B) = \frac{freq(A \cap B)}{N}$$

其中 freq(A∩B)表示事务数据集中物品 A 和物品 B 同时被购买的次数，N 表示事务数据集总的交易次数。

使用支持度的目的是找到在一次购物中一起被购买的物品，从而提高推荐的转化率。在使用支持度时需要结合业务特点确定一个最小值，只有高于此值的项集才进行推荐，即推荐时只关注购买频次高的物品组合。超过某一支持度最小值的项集称为频繁项集。例如在表 6-2 中，{牛奶,面包}的支持度为 4/5=0.8，{尿不湿,啤酒}的支持度为 3/5=0.6。

（2）置信度是购买物品 A 时还购买了物品 B 的概率。如果置信度大，说明购买物品 A 的用户有很大概率会购买物品 B，其计算公式如下。

$$confidence(A \to B) = \frac{freq(A \cap B)}{freq(A)} = \frac{support(A \cap B)}{support(A)}$$

表 6-2 中，{尿不湿}→{啤酒}的置信度为 3/4=0.75，而相比之下，{牛奶}→{面包}的置信度为 4/5=0.8。这意味着用户在一次购买尿不湿中同时购买啤酒的可能性是 75%，而在一次购买牛奶中同时购买面包的可能性是 80%。这些信息对卖场的经营相当有用，如在推荐物品时，如果发现用户购买了牛奶，则可以向其推荐面包，或者搭配组合销售。

（3）提升度是指关联规则是否有效，即当销售物品 A 时，物品 B 的销售率会增加多少、提升效果如何。计算公式如下。

$$lift(A \to B) = \frac{confidence(A \to B)}{support(B)}$$

一般来说，当 $lift(A \to B)$ 的值大于 1 时，说明物品 A 卖得越多，物品 B 也会卖得越多。而提升度等于 1 则意味着物品 A 和物品 B 之间没有关联。如果提升度小于 1，则意味着销售物品 A 反而会减少物品 B 的销量。

关联规则的提取即找出所有支持度大于等于最小支持度，且置信度大于等于最小置信度以及提升度靠前（大于 1）的关联规则。像{牛奶}→{面包}这样的关联规则称为强关联规则，因为它们同时具有高支持度和高置信度。可以通过穷举项集的所有组合的方式找出所需要的关联规则，每个组合都测试其是否满足支持度和置信度条件，一个元素个数为 n 的项集的组合个数为 2^n-1，其事件复杂度为 $O(2^n)$。但多数情况下物品的项集数都是数以万计的，因此用指数时间的算法解决问题不现实。那么怎样快速挖掘出满足条件的强关联规则呢？

Apriori 算法是一种基于 Apriori 原则的具有最低水平的支持度和置信度的算法，其通过减少关联规则的数量来迅速找到更有用的强关联规则，以达到一个更好的推荐效果。该算法实现过程分为两个步骤。

① 通过迭代计算所有事务中的频繁项集，即支持度不低于用户设定的阈值的项集。

② 利用频繁项集构造出满足用户最小置信度的关联规则。

Apriori 算法有如下性质。

性质 1：频繁项集的子集也是频繁项集。

性质 2：非频繁项集的超集一定是非频繁的。

下面，利用 Apriori 算法求解表 6-3 所示的交易事务数据集中存在的关联规则。假设最小支持度是 50%，最小置信度是 50%。

表 6-3　交易事务数据集

事务编号（TID）	商品项（Items）
1	{牛奶,鸡蛋,黄油}
2	{面包,鸡蛋,啤酒}
3	{牛奶,面包,鸡蛋,啤酒}
4	{面包,啤酒}

使用 Apriori 算法求解关联规则的过程如图 6-6 所示（图中带"×"的项目支持度小于最小支持度 50%，删除）。

从图 6-6 的计算过程可以看出，利用 Apriori 算法有一个简单的先验性质：非频繁项集的超集一定是非频繁的。这大大缩小了关联规则的搜索空间。最终得到的频繁 3-项集的所有子集也一定是频繁的，各关联规则的置信度均超过阈值 50%，所以这些关联规则都可以按业务进行推荐或进一步筛选备用。用户的这种购买模式是非常有趣的，也值得引起注意。例如，在所有用户中，有一半的人同时购买了面包、鸡蛋和啤酒，只要有用户购买了面包、鸡蛋，他大概率会同时购买啤酒。利用这些典型的购买模式，可为商店优化库存、举行宣传促销活动或者调整店内的物品摆放布局提供依据。

推荐算法虽然都可用于推荐，但每种算法在应用中都有不同的效果。使用基于用户的协同过滤推荐算法能够很好地在用户广泛的兴趣中为用户推荐热门的物品，但缺乏个性；使用基于物品的协同过滤推荐算法能够在用户个人的兴趣领域发掘出长尾物品，但缺乏多样性；基于内容推荐算法依赖于用户特征和物品特征，但能够很好地解决用户行为数据稀疏和新用户的"冷启动"问题；关联规则推荐算法不适用于小的数据集，容易得到虚假结论。因此，每种推荐算法都各有利弊，但相辅相成。

事务编号（TID）	商品项（Items）
1	{牛奶,鸡蛋,黄油}
2	{面包,鸡蛋,啤酒}
3	{牛奶,面包,鸡蛋,啤酒}
4	{面包,啤酒}

1-项集	支持度
{牛奶}	2/4=50%
{面包}	3/4=75%
{鸡蛋}	3/4=75%
{黄油}×	1/4=25%
{啤酒}	3/4=75%

<50%阈值

频繁1-项集	支持度
{牛奶}	2/4=50%
{面包}	3/4=75%
{鸡蛋}	3/4=75%
{啤酒}	3/4=75%

不含非频繁 1-项集的超集

2-项集	支持度
{牛奶,面包}×	1/4=25%
{牛奶,鸡蛋}	2/4=50%
{牛奶,啤酒}×	1/4=25%
{面包,鸡蛋}	2/4=50%
{面包,啤酒}	3/4=75%
{鸡蛋,啤酒}	2/4=50%

频繁2-项集	支持度
{牛奶,鸡蛋}	2/4=50%
{面包,鸡蛋}	2/4=50%
{面包,啤酒}	3/4=75%
{鸡蛋,啤酒}	2/4=50%

不含非频繁 2-项集的超集

3-项集	支持度
{面包,鸡蛋,啤酒}	2/4=50%

频繁3-项集	支持度
{面包,鸡蛋,啤酒}	2/4=50%

求频繁 3-项集的子集并计算置信度

规则	置信度	备注
{面包}→{鸡蛋,啤酒}	0.5/0.75≈66.7%	保留（≥50%阈值）
{鸡蛋}→{面包,啤酒}	0.5/0.75≈66.7%	保留
{啤酒}→{面包,鸡蛋}	0.5/0.75≈66.7%	保留
{鸡蛋,啤酒}→{面包}	0.5/0.5=100%	保留
{面包,啤酒}→{鸡蛋}	0.5/0.75≈66.7%	保留
{面包,鸡蛋}→{啤酒}	0.5/0.5=100%	保留

图 6-6 使用 Apriori 算法求解关联规则的过程

6.1.3 推荐效果评估

通过前面的学习可以知道，推荐系统不仅可以预测用户的兴趣和行为，还能发现用户潜在的兴趣、爱好，给用户惊喜。推荐系统在为用户推荐物品时一般采用两种方法：评分预测和 TopN 推荐。

评分预测方法一般通过推荐算法学习用户对物品的历史评分，预测用户可能会为某未被该用户评分的物品打多少分。评分预测方法通常用于在线视频、音乐等服务的推荐。

TopN 推荐方法一般不考虑评分，而是为用户提供个性化推荐列表，通过预测用户对物品的感兴趣程度对列表中的物品进行排序，选取其中前 N 个物品推荐给用户。该算法通常用于电子商务、社交网络、互联网广告推荐等领域。

一个推荐系统的推荐效果需要用评估指标来衡量。同时，评估推荐效果有助于发现推荐系统存在的问题，从而进行具有针对性的改进。那么如何评估推荐系统的推荐效果呢？推荐系统的常用评估方法包括离线实验、用户调查和在线实验等，具体评估指标包括用户满意度和预测准确度等。

1. 评估方法

推荐系统的常用评估方法包括离线实验、用户调查和在线实验等。

（1）离线实验

新推荐算法上线前需要通过多个评测验证。离线实验是目前最常用的方法之一，它通过用户行为数据直接评估新推荐算法的各项指标情况。进行离线实验前要准备足够多的用户及其行为数据，实验步骤如下。

① 构建测试数据集，并按照比例将数据集分为训练集和测试集。

② 在训练集上建立算法模型，对用户及其兴趣建模。

③ 按照预先定义的评估指标在测试集上进行预测推荐，评估推荐效果。

离线实验这种方法只需要标准数据集即可随时评估推荐系统的推荐效果，操作速度较快，并且可以同时评估多种推荐算法，在实践中应用得较多。

（2）用户调查

用户调查的对象一般是真实用户，该方法通过在推荐系统中进行操作，查看推荐系统的推荐结果，然后将其与用户的问卷调查结果进行对比从而评估推荐效果。这种方法存在一定的人工工作量和无效数据误差，一般在推荐系统刚运行、没有太多实验数据的情况下使用。

用户调查可以直接获得用户感受，可与其进行对话交流，从而真实而全面地评估推荐效果。但由于其操作流程复杂、耗时且招募测试用户代价较大，因此很难组织大规模用户进行调查。

（3）在线实验

在线实验最常用的方法是 A/B 测试。在用户较多的大型推荐系统中使用它时，可按照一定规则将相似用户分组，针对不同分组的用户应用不同的推荐算法，然后比较不同分组的评测结果，评估不同推荐算法的推荐效果。

这一方法的关键是找到多组相似的用户群体，如果用户群体的一致性存在误差，则评测结果的对比将不准确。在某些用户行为数据缺失的情况下，对新功能进行验证时得到的测试效果比较好，但是在线实验并不能实时获得评测结果，需要经过一定周期的实验才能得到相对可靠的结果。

2. 评估指标

推荐系统的效果评估分为定量分析和定性评价。实践中，因为定量分析不仅可以通过离线实验快速获取结果，而且具有可量化的特点，所以优先使用，常用评估指标包括用户满意度和预测准确度等。

（1）用户满意度

用户满意度一般采用问卷调查或在线实验的方式进行统计。采用问卷调查方式时，问卷的设计可能导致较大的误差，因为大部分用户并不能直接说出其真实的意图，所以需要对问卷进行精心设计，并对问卷结果的解读有一定的要求。一般推荐使用在线实验的方法统计用户满意度，对推荐结果产生的响应行为进行跟踪分析。按照用户后续行为是否与推荐结果产生了关联或造成了影响，在实践中可用转化率、点击率等进行定量分析。

（2）预测准确度

预测准确度通常通过离线实验计算，它度量推荐系统的预测能力，是推荐系统常用的评估指标，可计算评分预测方法和 TopN 推荐方法的预测准确度。

评分预测方法的效果一般由均方根误差（Root Mean Square Error，RMSE）和平均绝对误差（Mean Absolute Error，MAE）等指标计算得出。MAE 因计算简单得到广泛应用，但其有一定的局限性，因为对 MAE 贡献比较大的往往是很难预测准确的低分物品。其计算公式如下。

$$\text{MAE} = \frac{1}{m} \sum_{(u,i) \in T} |\hat{r}_{ui} - r_{ui}|$$

其中 T 表示测试集，包含用户 u 和物品 i，r_{ui} 是用户 u 对物品 i 的实际评分，而 $\hat{r}_{ui}$ 是推荐系统给出的预测评分，m 是测试集的样本总数。显然 MAE 值越小表示预测越准确。但有时推荐系统 A 的 MAE 值低于推荐系统 B，也很可能是由于推荐系统 A 更擅长预测这部分测试集的物品。显然采用 MAE 这样的指标在某些业务场景是不合适的。

RMSE 的定义如下。

$$\text{RMSE} = \sqrt{\frac{1}{m} \sum_{(u,i) \in T} (\hat{r}_{ui} - r_{ui})^2}$$

RMSE 加大了对预测不准的用户物品评分的惩罚，因而对推荐系统的评估更加苛刻。

TopN 推荐方法一般由精确率、召回率度量。精确率是指所有用户在推荐列表中真正喜欢的物品数占所有推荐物品总数的比例，其值越大，表示用户喜欢的推荐物品越多，计算公式如下。

$$\text{Precision} = \frac{\sum_{u \in U} R(u) \cap T(u)}{\sum_{u \in U} R(u)}$$

其中 U 是所有被推荐的用户的集合，$R(u)$ 是为用户 u 推荐的 N 个物品的列表，$T(u)$ 是用户 u 在测试集上喜欢的物品集合。

召回率是指所有用户在推荐列表中真正喜欢的物品数占用户在测试集上喜欢的物品数的比例，其值越大，说明有越多推荐的物品出现在用户喜欢的物品列表中，计算公式如下。

$$\text{Recall} = \frac{\sum_{u \in U} R(u) \cap T(u)}{\sum_{u \in U} T(u)}$$

由前面的描述可知，精确率和召回率都用于评估推荐系统效果，最理想的情况是精确率和召回率都比较高。

6.2 项目1——推荐你喜爱的电影

6.2.1 提出问题

随着人们生活节奏的加快，在工作之余上网看电影不失为一种放松身心的方式。面对网站里琳琅满目的电影，用户自己有时也不知如何选择。那么，是否可以利用前文所介绍的推荐算法帮助用户做出选择，让用户体验到智能化的生活方式呢？答

项目 1——推荐你喜爱的电影

案是肯定的。其实细心的读者可能已经观察到，协同过滤在人们的日常生活中处处存在，例如，在电子商城购物时，用户刚刚进入商城，平台就已经根据该用户购买记录或其他兴趣相似的用户的信息推荐了物品；或者用户会时不时收到某网站推送的物品销售信息等。这些行为之所以发生，是因为幕后有一种被称为推荐算法的东西在根据用户的情况做预测，想以此达到"千人千面""个性化推荐"的效果。

下面就采用基于用户的协同过滤推荐算法找到兴趣相似的用户，向当前用户推荐其可能感兴趣的电影。

6.2.2　解决方案

为找到当前用户可能感兴趣的电影，首先要了解该用户的兴趣爱好，即他看过哪些电影、对哪些电影的评价较高等，以此来确定他的电影偏好；其次，要找出与当前用户具有相似电影爱好的用户群体，看他们已经看过哪些电影，然后从这些电影中筛选出当前用户没有看过的电影；最后按评分从高到低的顺序将电影推荐给用户，以达到主动满足用户看电影的需求的目的。

解决方案的流程如图 6-7 所示。

图 6-7　解决方案的流程

6.2.3　预备知识

电影推荐是个性化推荐领域的典型应用，为能顺利完成推荐任务，先介绍本项目要用到的数据集 MovieLens 并进行数据合并。

1．MovieLens 数据集

MovieLens 数据集包含多个用户对多部电影的评分数据，也包括电影元数据信息和用户属性信息。该数据集有好几种版本，对应不同的数据量，这里用的是 1MB 的数据集。

将数据集解压后，可以看到 4 个主要的 CSV 文件，它们分别是 links.csv、movies.csv、ratings.csv 和 tags.csv。links.csv 包括该数据集中的 movieId 和 imdb、tmdb 中电影的对应关系，通过电影编号可以在网站上找到对应的电影链接。tags.csv 是用户的标注标签数据，即标签化评价和标注标签时间戳。下面重点介绍本项目推荐算法中用到的两个文件——movies.csv 和 ratings.csv。它们的数据格式如表 6-4 和表 6-5 所示。

表 6-4　movies.csv 文件的数据格式

movieId	title	genres
电影编号	电影标题	电影题材（类别）

movies.csv 文件描述了每部电影的详细信息，用户可据此大概了解每部电影。

表 6-5　ratings.csv 文件的数据格式

userId	movieId	rating	timestamp
用户编号	电影编号	用户评分	用户评分时间戳

其中用户评分以半颗星递增的方式按 5 星制进行评分。该文件的每条记录是用户对每部电影的偏好记录，基于这种偏好，就可以在众多的数据集中找到与用户偏好相似的其他用户，从而完成后续的推荐任务。

2. 按主键合并数据

关于用户与电影的数据非常多，为了便于管理，将这些数据分别存储在不同的文件中。但在推荐过程中，要直观了解一部电影的关联信息，如用户评价过哪几部电影、它的名称是什么等，就需要使用关键字将关联信息合并在一张表中。

关键字合并就是通过一个或多个关键字将两个数据集沿 *x* 轴连接起来，结果集的列为两个数据集的列之和，但重复的主键列合二为一，此工作可以通过 pandas 库中的 merge 函数完成。

【引例 6-1】将图 6-8 中两张表的数据按主键横向合并。

图 6-8　两张表的数据

（1）引例描述

两张表中数据的列数分别为 4 和 3，相同的字段为 C 列，在连接过程中，将 C 列作为关键字将两张表合并起来，只保留 C 列值相同的行数据。

（2）引例分析

利用 merge 函数将左右两张表合并起来，指定关键字为 C 列，合并后的表有 A、B、C、D、E、F 这 6 列。

（3）引例实现

实现的代码（case6-1.ipynb）如下。

```
1   import pandas as pd
2   df1 = pd.DataFrame([[3,5,6,7],[10,4,5,3],[2,3,7,9],[10,4,9,8]],
    columns = list('ABCD'))
3   df2 = pd.DataFrame([[6,8,4],[11,8,9],[7,5,1],[6,14,9]],columns =
    list('CEF'))
4   data = pd.merge(df1,df2,on = 'C')
```

代码行 2、代码行 3 分别定义两张表的数据，代码行 4 将 DataFrame 类型的变量 df1、df2 合并起来。逐行横向合并两表数据时，如果所在行 C 列的数据相等，则保留合并结果，否则抛弃该行，查看合并结果 data。按主键合并后的结果如图 6-9 所示。

图 6-9　按主键合并后的结果

6.2.4　任务 1——合并电影基本信息和评分记录

【任务描述】为方便统计用户对哪些电影进行了评分，需要将电影基本信息文件 movies.csv 与用户的评分记录文件 ratings.csv 合并，从而为用户画像做好准备。为此，要新建文件 6-2_task1.ipynb。

【任务目标】将文件 movies.csv 与 ratings.csv 合并，形成格式为['userId','rating','movieId','title']的统计数据。

【完成步骤】

1. 读取文件数据

通过以下代码将文件数据保存到 DataFrame 类型的变量中。

```
1   import pandas as pd
2   from math import *
3   movies = pd.read_csv(r'data\movies.csv')
4   ratings = pd.read_csv(r'data\ratings.csv')
```

代码行 3、代码行 4 中的变量 movies 、ratings 分别保存了电影基本信息和用户评分记录。

2. 合并数据

利用合并函数 merge 将 DataFrame 类型的变量 movies、ratings 按关键字 movieId 进行合并，并对合并后的数据集进行切片，只取 userId、rating、movieId、title 这 4 列数据，然后按用户编号进行升序排列，代码如下。

```
1   data = pd.merge(movies, ratings, on = 'movieId')
2   data = data[['userId','rating', 'movieId', 'title']].sort_values
    ('userId')
```

data 就是合并、切片并排序后的结果，前 10 行数据如图 6-10 所示。

	userId	rating	movieId	title
0	1	4.0	1	Toy Story (1995)
35548	1	4.0	1777	Wedding Singer, The (1998)
35249	1	5.0	1732	Big Lebowski, The (1998)
34348	1	3.0	1676	Starship Troopers (1997)
2379	1	5.0	50	Usual Suspects, The (1995)
33992	1	3.0	1644	I Know What You Did Last Summer (1997)
33764	1	5.0	1625	Game, The (1997)
53190	1	5.0	3273	Scream 3 (2000)
35759	1	4.0	1793	Welcome (1997)
33745	1	4.0	1620	Kiss the Girls (1997)

图 6-10　合并、切片并排序后的数据（前 10 行）

6.2.5　任务 2——找到与某个用户最相似的 n 个用户

【任务描述】本项目采用基于用户的协同过滤推荐算法来完成推荐工作，为此在任务 1 的基础上，首先要统计某用户已评价了哪些电影，然后据此来计算该用户与其他用户的相似度，最后找到与该用户最相似的 n 个用户。

【任务目标】运用基于用户的协同过滤推荐算法找到与某用户最相似的 n 个用户。

【完成步骤】

1. 统计各用户已评价的电影和评分

因为用户编号 userId 和电影标题 title 是唯一的，所以以键值对{用户编号:{电影标题 1:评分,电影标题 2:评分,…}}的形式保存用户评分的数据，从而形成每个用户关于电影评分的画像，代码如下。

```
1  datas = {}
2  for index,line in data.iterrows():
3      if not line['userId'] in datas.keys():
4          datas[line[0]] = {line[3]: line[1]}
5      else:
6          datas[line[0]][line[3]] = line[1]
```

代码行 2 迭代前面合并的数据集 data。代码行 3～4 判断用户信息是否在字典中，若不在字典中，则添加一个新的键值对到字典中；如果存在，则在原用户键值对的值后面添加{电影标题:评分}字典元素。执行上述代码，用户 1 评分的部分数据如图 6-11 所示。

```
{1: {'Toy Story (1995)': 4.0,
 'Wedding Singer, The (1998)': 4.0,
 'Big Lebowski, The (1998)': 5.0,
 'Starship Troopers (1997)': 3.0,
 'Usual Suspects, The (1995)': 5.0,
 'I Know What You Did Last Summer (1997)': 3.0,
 'Game, The (1997)': 5.0,
 'Scream 3 (2000)': 5.0,
 'Welcome (1997)': 4.0,
 'Kiss the Girls (1997)': 4.0,
```

图 6-11　用户 1 评分的部分数据

2. 计算两个用户之间的相似度

任意两个用户之间的相似度是基于他们都看过且评分过的电影来判断的。由于每个用户评分的电影不完全一样，因此先要找到两个用户共同评分过的电影，然后计算两者之间的相似度，此处用欧氏距离来表示相似度。相似度函数的代码如下。

```
1   def sim_Euclidean(userId1, userId2):
2       user1_data = datas[userId1]#用户 1 看过的所有电影
3       user2_data = datas[userId2]#用户 2 看过的所有电影
4       distance = 0#评分差距
5       count = 0 #两人共同看过的电影数量
6       flag = False
7       for movieName in user1_data.keys():
8           if movieName in user2_data.keys():
9               flag = True
10              distance += pow(float(user1_data[movieName]) -
                float(user2_data[movieName]), 2)
11              count += 1
12      if flag:
13          return (1/(1 + sqrt(distance)/count))
14      else:
15          return -1
```

代码行 2～3 分别获取用户 1 和用户 2 的电影评分信息，然后在代码行 7 中依次获取用户 1 评分过的电影标题，通过代码行 8 判断用户 2 是否也评分过此电影，如果条件成立，则通过代码行 10 计算两者的相似度。因为不同的用户评分过的电影数量不尽相同，所以在代码行 13 取评分差距的平均值作为用户相似度计算标准。如果用户没有对共同看过的电影进行评分，就认为彼此相似度为–1；如果他们所有共同看过的电影的评分完全一样，那么相似度为 1。

3. 找到与某用户最相似的前 n 个用户

有了相似度计算方法，就可以利用 sim_Euclidean 函数找到与指定用户最相似（最近邻）的前 n（此处 n 默认为 10）个用户，代码如下。

```
1   def top10_simliar(userId,n = 10):
2       result = []
3       for user_Id in datas.keys():
4           if not user_Id == userId:#不是本人
5               simliar = sim_Euclidean(userId, user_Id)
6               result.append((user_Id, simliar))
7       result.sort(key = lambda val: val[1],reverse = True)
8       return result[0:n]
```

代码行 3 遍历所有的用户；代码行 4 辨别用户，如果不是指定用户本人，则通过代码行 5 计算彼此之间的相似度；计算完所有相似度后，在代码行 7 按相似度对用户进行降序排列，最后返回前 n 个最相似的用户数据。

以用户 1 为例执行以下代码，查看与他最相似的 10 个用户的情况，如图 6-12 所示。

```
users = top10_similar(1,10)
```

```
[(77, 1.0),
 (85, 1.0),
 (253, 1.0),
 (291, 1.0),
 (414, 0.9313982361176572),
 (511, 0.9230769230769231),
 (597, 0.9142857142857143),
 (249, 0.9110883194626019),
 (380, 0.9092890036049724),
 (448, 0.9091358367558803)]
```

图 6-12　与用户 1 最相似的 10 个用户的情况

由图 6-12 可以看出，与用户 1 最相似的用户分别是用户 77、用户 85 等。找到了这些最相似的用户，接下来就可以向用户 1 推荐他可能感兴趣的电影了。

6.2.6　任务 3——给某个用户推荐 m 部电影

【任务描述】根据前面的计算，已经找到与某用户最相似的 n 个用户，下面只要找出这 n 个用户看过、但该用户没有看过的电影，然后按评分由高到低排序，推荐前 m 部电影给该用户，即可完成最终的推荐任务。

【任务目标】找出与某用户最相似的用户看过的但该用户没有看过的电影，将评分靠前的 m 部电影推荐给该用户。

【完成步骤】

1. 找出最相似的用户看过的但该用户没有看过的 m 部电影

定义函数 recommend_films，向用户推荐与他最相似的 n 个用户最喜欢的前 m 部电影（默认是 10 个最相似的用户，推荐 10 部电影），代码如下。

```
1   def recommend_films(userId,n = 10,m = 10):
2       top_sim_user_list = top10_simliar(userId,n)
3       users = []
4       for item in top_sim_user_list:#遍历最相似的前 10 个用户
5           users.append(item[0])
6       recommendations = []
7       for user_id in users:
8           movies = datas[user_id]#用户看过的所有电影及评分
9           for movie in movies.keys():#遍历所有看过的电影
10              if movie not in datas[userId].keys():#用户没看过的电影
11                  recommendations.append((movie, movies[movie]))
12      recommendations.sort(key = lambda val: val[1], reverse = True)
13      return recommendations[0:m]
```

代码行 2 找出与指定用户最相似的前 n 个用户；代码行 7 遍历这 n 个用户；代码行 8 获取每个最相似的用户评分过的所有电影，再遍历这些电影；代码行 10 判断指定用户是否没看过该电影，如果是，则把没看过的电影保存到列表变量 recommendations 中；在整个遍历结束后，返回评分靠前的 m 部电影的标题及评分。

2. 向指定用户推荐 m 部电影

下面假设要向编号为 2 的用户推荐 8 部电影，执行如下代码即可。

```
recommend_top10films = recommend_films(2 ,m = 8)
for item,rating in recommend_top10films:
    print('{:50}{}'.format(item,rating))
```

代码运行结果如图 6-13 所示。

```
Pinocchio (1940)                                     5.0
Schindler's List (1993)                             5.0
Heavenly Creatures (1994)                           5.0
Once (1994)                                          5.0
Pulp Fiction (1994)                                 5.0
In the Name of the Father (1993)                    5.0
Dances with Wolves (1990)                           5.0
Snow White and the Seven Dwarfs (1937)              5.0
```

图 6-13　推荐给用户 2 的 8 部电影

至此，采用基于用户的协同过滤推荐算法完成了对某个用户的电影推荐任务。从推荐的过程可以看出，这种推荐算法还是存在一些问题的，例如，如果两个用户共同评分过一部电影，且评分一样，另外两个用户共同评分过 3 部电影，且评分也一样，按照本项目的相似度计算方法，前后两组用户之间的相似度是一样的，但后两个用户有更多相同的爱好，且对电影的看法也高度一致，所以相似度理应高于前两个用户。对于这个问题，可以重新调整相似度计算方法，如给原相似度乘一个放大系数 γ（$\gamma = n / \max(n)$），n 是任意两个用户共同评分过的电影数，$\max(n)$ 是其最大值，这样就能进一步改善推荐效果。

6.3 项目 2——推荐你要一起购买的商品

项目 2——推荐你要一起购买的商品

6.3.1　提出问题

当顾客走进一家实体卖场或进入一个在线商店时，商家会如何向他推荐商品呢？或者作为一个卖场的管理者，该如何根据顾客已购买的商品类型向他兜售关联的商品呢？假设卖场想举办一个商品促销活动，如何知道哪些捆绑商品是顾客喜欢的？进一步思考，为方便顾客购买，提升顾客的消费体验，该如何对卖场的商品摆放布局进行调整呢？这些问题的本质实际就是要从大量（或者海量）的商品销售记录中发现新的顾客购买模式。例如，一些记录显示，多数顾客在购买咖啡时往往会顺便购买一份甜点，那么商家为了增加利润，通常会将甜点放在离咖啡更近的地方。

下面将根据一家卖场的购物清单历史数据，利用关联规则技术来分析众多购物行为中可能隐藏的购买模式，为商家的精准促销和优化销售策略的实行提供依据。

6.3.2　解决方案

观察购物清单历史数据会发现，每条购物记录所包含的商品种类是不一样的，有的顾客一次购买了 2 件商品、有的顾客一次购买了 3 件商品等，这些数据不像前文使用过的数据那么规范。因此，首先要进行数据的准备和处理，将购物清单中的商品按照表 6-6 的格式进行整理。

表 6-6　购物清单中的商品分布情况

商品 1 名称	商品 2 名称	……	商品 *n* 名称
1	0	0	1
……	……	……	……
0	1	0	0

表 6-6 中 1 表示某商品出现在某次购物清单中，0 表示没有出现，这样就形成了一个可反映所有种类商品在购物清单中是否出现的矩阵。然后利用 Apriori 算法对矩阵数据进行统计，计算出频繁项集。最后按照业务和实际情况筛选出一些强关联规则，用于向顾客推荐他可能要购买的一些商品。

解决方案的流程如图 6-14 所示。

图 6-14　解决方案流程

6.3.3　预备知识

1. 事务型数据

购物清单历史数据与一般的数据有一些区别，如每一条购物记录长短不一、商品有先后次序等，把这种特征值有先后次序、作为一个整体行为产生的数据称为事务型数据。机器学习的扩展库 mlxtend 中提供了事务编码类，方便对二维矩阵进行事务编码（One-Hot 编码），mlxtend 库按照表 6-6 所示的格式来记录每次消费在商品矩阵中的编码情况。用 True 表示购买此商品，False 表示没有购买此商品。

【引例 6-2】将下列格式的数据转换成事务型数据。

（1）引例描述

购物清单如表 6-7 所示，可通过代码把它转换成事务型数据。

表 6-7　购物清单

清单号	购买的商品
1	牛奶、洋葱、鸡蛋、酸奶
2	洋葱、猪肉、芸豆
3	牛奶、苹果、芸豆、鸡蛋
4	玉米、洋葱、芸豆、冰淇淋、鸡蛋

（2）引例分析

利用事务编码类创建一个以商品名称为字段名、一次购物记录为一行的矩阵。如果某商品出现在该记录中，则在商品列对应的单元中填充 1 或 True，否则填充 0 或 False。

（3）引例实现

在命令提示符窗口中执行如下命令，以安装机器学习扩展库 mlxtend。

```
pip3 install mlxtend
```

安装好 mlxtend 库后就可以编码实现本引例任务。实现的代码（case6-2.ipynb）如下。

```
1  import numpy as np
2  from mlxtend.preprocessing import TransactionEncoder
3  record = [['牛奶','洋葱','鸡蛋','酸奶'],['洋葱','猪肉','芸豆'],['牛奶',
   '苹果','芸豆','鸡蛋'],['玉米','洋葱','芸豆','冰淇淋','鸡蛋']]
4  te_Encoder = TransactionEncoder()
5  te_array = te_Encoder.fit(record).transform(record)
6  print(te_Encoder.columns_)
7  print(te_array)
```

代码行 2 导入事务编码类 TransactionEncoder；代码行 5 利用事务对象 te_Encoder 对购物清单记录按事务编码进行转换，得到二维数组变量 te_array；代码行 6～7 分别输出特征值名和对应的数值。转换后的矩阵如图 6-15 所示。

```
['冰淇淋', '洋葱', '牛奶', '猪肉', '玉米', '芸豆', '苹果', '酸奶', '鸡蛋']
[[False  True  True False False False False  True  True]
 [False  True False  True False  True False False False]
 [False False  True False False  True  True False  True]
 [ True  True False False  True  True False False  True]]
```

图 6-15 转换后的矩阵

由图 6-15 可以看出，这个矩阵的列正好对应购物清单中出现的 9 类不同的商品，矩阵的行也正好对应 4 次购物。矩阵中元素值 True 较少，如果购物记录足够多，但商品种类相对较少，可以想象这个矩阵中的 True 会非常少，把这种类型的矩阵称为稀疏矩阵（Sparse Matrix）。稀疏矩阵在内存中实际上没有完整存储，只是存储了元素值为 True 所占用的单元，这就使得该结构的内存效率远比一个大小相等的普通矩阵的内存效率高。

2. frequent_patterns 模块的主要函数

frequent_patterns 模块中包含 apriori 函数和关联规则函数 association_rules，它们的功能及参数说明如表 6-8 所示。

表 6-8 函数的功能及参数说明

函数	参数说明	函数功能
apriori(df,min_support=0.5, use_colnames=False, max_len=None)	df: 数据源 use_colnames: 返回结果是否要带字段名 max_len: 指定频繁 k-项集的最大值	计算频繁项集
association_rules(df, metric='confidence', min_threshold=0.8, support_only=False)	df: 频繁项集 metric: 关联规则计算方式 min_threshold: 最小度量值 support_only: 仅计算有支持度的项集	计算关联规则

【引例 6-3】计算购物清单中的频繁项集和关联规则。

（1）引例描述

按最小支持度为 0.5、最小置信度为 0.6 来计算表 6-7 所示购物清单中的频繁项集和关联规则。

（2）引例分析

在引例 6-2 的基础上，将事务型数据 te_array 先转换成 DataFrame 类型，然后利用 apriori 函数和 association_rules 函数分别计算频繁项集和关联规则即可。

（3）引例实现

实现的代码如下。

```
1  from mlxtend.frequent_patterns import apriori
2  from mlxtend.frequent_patterns import association_rules
3  df_datas = pd.DataFrame(te_array,columns = te_Encoder.columns_)
4  freq_item = apriori(df_datas,min_support = 0.5,use_colnames = True)
5  rules = association_rules(freq_item,min_threshold = 0.6)
```

代码行 1～2 分别导入函数 apriori 和 association_rules。代码行 3 将事务型数据转换成 DataFrame 类型，以便后续计算。代码行 4～5 分别计算频繁项集和关联规则。

频繁项集 freq_item 的内容如图 6-16 所示。

	support	itemsets
0	0.75	(洋葱)
1	0.50	(牛奶)
2	0.75	(芸豆)
3	0.75	(鸡蛋)
4	0.50	(洋葱, 芸豆)
5	0.50	(鸡蛋, 洋葱)
6	0.50	(鸡蛋, 牛奶)
7	0.50	(鸡蛋, 芸豆)

图 6-16　频繁项集 freq_item 的内容

由图 6-16 可以看出，相对而言，洋葱、芸豆和鸡蛋比较受顾客欢迎。{洋葱,芸豆}、{鸡蛋,洋葱}、{鸡蛋,牛奶}和{鸡蛋,芸豆}常被顾客一起购买，但两者之间是否有关联、前者是否会影响后者的销售还需做进一步的关联规则分析。

计算出的关联规则的内容如图 6-17 所示。其中，antecedents 为规则先导项，consequents 为规则后继项，antecedent support 为规则先导项支持度，consequent support 为规则后继项支持度，support 为规则支持度，confidence 为规则置信度，lift 为规则提升度，leverage 为规则杠杆率，conviction 为规则确信度。

尽管得到了图 6-17 所示的 8 条关联规则，但只有关联规则 4 和 5 的提升度大于 1，为有效关联规则。但与这两条关联规则相比较，规则{牛奶,鸡蛋}的置信度为 1，更值得推荐，说明顾客在买牛奶时基本都会拿上一些鸡蛋。因此，将这两者捆绑促销或放置在一起售卖是合理的。

	antecedents	consequents	antecedent support	consequent support	support	confidence	lift	leverage	conviction
0	(洋葱)	(芸豆)	0.75	0.75	0.5	0.666667	0.888889	-0.0625	0.75
1	(芸豆)	(洋葱)	0.75	0.75	0.5	0.666667	0.888889	-0.0625	0.75
2	(鸡蛋)	(洋葱)	0.75	0.75	0.5	0.666667	0.888889	-0.0625	0.75
3	(洋葱)	(鸡蛋)	0.75	0.75	0.5	0.666667	0.888889	-0.0625	0.75
4	(鸡蛋)	(牛奶)	0.75	0.50	0.5	0.666667	1.333333	0.1250	1.50
5	(牛奶)	(鸡蛋)	0.50	0.75	0.5	1.000000	1.333333	0.1250	inf
6	(鸡蛋)	(芸豆)	0.75	0.75	0.5	0.666667	0.888889	-0.0625	0.75
7	(芸豆)	(鸡蛋)	0.75	0.75	0.5	0.666667	0.888889	-0.0625	0.75

图 6-17　关联规则的内容

6.3.4　任务 1——将 CSV 文件数据转换为事务型数据

【任务描述】要分析的购物清单历史数据保存在文件 groceries.csv 中，这是某卖场一个月内所有顾客的购物记录。文件中每个购物清单所包含的商品种类是不一样的，也就是说每行数据的特征值个数不同，那就不能利用 pandas 库的 read_csv 方法来读取数据。一种可行的方法是采用 csv 模块逐行读取文件，将它们放在一个列表中，然后利用前文所介绍的事务编码方法将原始数据转换成事务型数据。为此，要新建文件 6-3_task.ipynb。

【任务目标】将 groceries.csv 文件所包含的购物记录转换成事务型数据，方便后续的关联规则分析。

【完成步骤】

1. 将文件数据保存到列表中

因为在对购物清单进行事务编码时，要求源数据类型是列表类型，因此采用 csv 模块来读取文件数据，将每行数据作为一个元素保存到一个列表中，实现代码如下。

```
1   import numpy as np
2   import csv
3   ls_data = []
4   with open(r'data\groceries.csv','r') as f:
5       reader = csv.reader(f)
6       for row in reader:
7       ls_data.append(row)
```

代码行 2 导入处理 CSV 类型文件的 csv 模块。代码行 4~7 打开 groceries.csv 文件，进行文件读取操作，将逐行取出的数据保存到列表 ls_data 中，这样就可将原文件数据保存到一个列表中。

2. 对列表数据进行事务编码处理

导入相应的第三方库及模块，对列表 ls_data 进行事务编码处理，实现代码如下。

```
1   import pandas as pd
2   from mlxtend.preprocessing import TransactionEncoder
3   te = TransactionEncoder()
4   te_array = te.fit(ls_data).transform(ls_data)
5   df = pd.DataFrame(te_array, columns = te.columns_)
```

代码行 4 按事务编码进行训练和转换，将列表 ls_data 的数据转换成事务型数据，并在代码行 5 将其再转换成 DataFrame 类型的数据，以便后续利用 Apriori 算法处理数据。

执行上述代码后，执行 df.describe() 以了解购物清单历史数据的概要情况，如图 6-18 所示。

	Instant food products	UHT-milk	abrasive cleaner	artif. sweetener	baby cosmetics	baby food	bags	baking powder	bathroom cleaner	beef	...
count	9835	9835	9835	9835	9835	9835	9835	9835	9835	9835	...
unique	2	2	2	2	2	2	2	2	2	2	...
top	False	False	False	False	False	False	False	False	False	False	...
freq	9756	9506	9800	9803	9829	9834	9831	9661	9808	9319	...

4 rows × 169 columns

图 6-18 购物清单历史数据的概要情况（部分）

由图 6-18 可以看出，购物清单中共有 169 种不同的商品，交易次数是 9835。每列商品的唯一取值只有两种（False 或 True），每次购物时，购物清单中没有被购买（False）的商品占绝大多数（top，即频数最高）。在所有购物记录中，每种商品出现的频率统计见图 6-18 的 freq 最后一行。

6.3.5 任务 2——找出购物清单中频繁被购买的商品

【任务描述】将原始数据转换成事务型数据后，可以进一步利用 Apriori 算法找出频繁项集，看哪些商品频繁出现在顾客的购物清单中。那么如何指定相对合理的最小支持度呢？只要找到合理的最小支持度初值，就可以采用多次试验的方法找出频繁项集。

【任务目标】指定合理的最小支持度，采用多次试验的方法找出有意义的频繁项集。

【完成步骤】

1. 确定合理的最小支持度

由前文可知，最小支持度实际就是某些商品频繁出现在购物清单中最低的购买数量，反映了商品在交易中的最低重要性。不妨先了解一下商品平均被购买的概率，并且结合购物的具体情况，尝试设定最小支持度。结合图 6-18 所示的商品的分布情况，利用如下代码计算出 30 天内商品平均被购买的概率。

```
1   mean_supp = 1-np.mean((df.describe()).loc['freq'][:])/9835
2   print('商品平均被购买的概率: ',mean_supp)
```

代码行 1 的 np.mean((df.describe()).loc['freq'][:])/9835 先计算出所有商品没有被购买的平均次数，然后除以总购买次数 9835 得到商品没有被购买的概率，最后用 1 减去这个值得到商品平均被购买的概率，也就是商品的平均支持度。代码运行结果如图 6-19 所示。

商品平均被购买的概率： 0.026091455765696048

图 6-19 一种商品平均被购买的概率

由此可得，商品每天被购买的次数为 0.02609×9835÷30≈8.6 次，说明以这个频次被购买的商品是值得去发现其中可能隐藏的一些规则的，所以尝试设定最小支持度为 0.02。

2. 找出频繁项集

由于暂时只想了解两种商品之间的规则，因此设定 max_len=2，以消除 3 种及以上商品频繁项集带来的影响，代码如下。

```
1   freq_item = apriori(df, min_support = 0.02,max_len = 2,use_colnames =
True)
2   freq_item.sort_values(by = 'support',axis = 0,ascending = False)
```

代码行 1 求出频繁项集 freq_item，在代码行 2 中按支持度进行排序，结果如图 6-20 所示。

	support	itemsets
57	0.255516	(whole milk)
39	0.193493	(other vegetables)
43	0.183935	(rolls/buns)
49	0.174377	(soda)
58	0.139502	(yogurt)
...	...	
75	0.020539	(whole milk, frankfurter)
76	0.020437	(whole milk, frozen vegetables)
96	0.020437	(tropical fruit, pip fruit)
60	0.020437	(whole milk, bottled beer)
67	0.020031	(other vegetables, butter)

120 rows × 2 columns

图 6-20　求出的频繁项集（已排序）

由图 6-20 可以看出，共有 120 个频繁项集，包括 1-项集和 2-项集。全脂牛奶是最受顾客欢迎的，其次是其他蔬菜等，哪两种商品是频繁一起被购买的呢？通过下列代码可以筛选出它们。

```
freq_item.loc[freq_item['itemsets'].str.len()>1].sort_values(by =
'support',axis = 0,ascending = False)
```

频繁 2-项集如图 6-21 所示。

	support	itemsets
91	0.074835	(other vegetables, whole milk)
103	0.056634	(whole milk, rolls/buns)
119	0.056024	(whole milk, yogurt)
106	0.048907	(root vegetables, whole milk)
85	0.047382	(root vegetables, other vegetables)
...	...	...
75	0.020539	(frankfurter, whole milk)
96	0.020437	(tropical fruit, pip fruit)
60	0.020437	(whole milk, bottled beer)
76	0.020437	(whole milk, frozen vegetables)
67	0.020031	(other vegetables, butter)

61 rows × 2 columns

图 6-21　频繁 2-项集

可以看出，共有 61 个频繁 2-项集，其中其他蔬菜与全脂牛奶一起被购买的概率约为 7.5%，其他商品组合（全脂牛奶、面包卷与面包）也常被顾客一起购买。至此可以知道单种商品或两种商品的销售情况。

6.3.6 任务 3——提取有用的销售关联规则

【任务描述】 在任务 2 中找出了一些频繁项集，知道了哪种商品是顾客相对喜欢的，哪两种商品是顾客偏好一起购买的。尽管这些信息有一定的商业价值，但对商家来说，他们可能更关心的是如何从这些信息中发现某些销售关联规则和商业购买模型，以指导他们更好地调整或开展商业活动。

【任务目标】 指定合理的最小置信度，利用关联规则方法找出令人感兴趣的销售关联规则。

【完成步骤】

1. 挖掘出一些关联规则

多数顾客同时购买两种商品是否是一种常见现象？商品之间是否存在一些必然的联系呢？这需要做进一步的分析。

尽管前文已经找出了一些频繁项集，但两种商品一起出现的可能性有多大？它们之间是否存在一些购买模式或者关联规则呢？利用以下代码来获取一些关联规则。

```
1   rules = association_rules(freq_item,min_threshold = 0.5)
2   rules.sort_values(by = 'confidence',axis = 0,ascending = False)
```

执行上述代码，没有得到任何关联规则，说明设定的最小置信度 0.5 过高，需要降低置信度的阈值。尝试将最小置信度设定为 0.25，重新执行上述代码，产生的部分关联规则如图 6-22 所示。

	antecedents	consequents	antecedent support	consequent support	support	confidence	lift	leverage	conviction
6	(butter)	(whole milk)	0.055414	0.255516	0.027555	0.497248	1.946053	0.013395	1.480817
10	(curd)	(whole milk)	0.053279	0.255516	0.026131	0.490458	1.919481	0.012517	1.461085
12	(domestic eggs)	(whole milk)	0.063447	0.255516	0.029995	0.472756	1.850203	0.013783	1.412030
40	(whipped/sour cream)	(whole milk)	0.071683	0.255516	0.032232	0.449645	1.759754	0.013916	1.352735
35	(root vegetables)	(whole milk)	0.108998	0.255516	0.048907	0.448694	1.756031	0.021056	1.350401
22	(root vegetables)	(other vegetables)	0.108998	0.193493	0.047382	0.434701	2.246605	0.026291	1.426693
14	(frozen vegetables)	(whole milk)	0.048094	0.255516	0.020437	0.424947	1.663094	0.008149	1.294636
17	(margarine)	(whole milk)	0.058566	0.255516	0.024199	0.413194	1.617098	0.009235	1.268706
0	(beef)	(whole milk)	0.052466	0.255516	0.021251	0.405039	1.585180	0.007845	1.251315
38	(tropical fruit)	(whole milk)	0.104931	0.255516	0.042298	0.403101	1.577595	0.015486	1.247252
25	(whipped/sour cream)	(other vegetables)	0.071683	0.193493	0.028876	0.402837	2.081924	0.015006	1.350565
42	(yogurt)	(whole milk)	0.139502	0.255516	0.056024	0.401603	1.571735	0.020379	1.244132
31	(pip fruit)	(whole milk)	0.075648	0.255516	0.030097	0.397849	1.557043	0.010767	1.236375

图 6-22 产生的部分关联规则

2. 关联规则分析和评估

图 6-22 所示的关联规则是按置信度降序排列的，前 13 条关联规则的提升度均大于 1，说明这些关联规则所涉及的两种商品是有关联的，前一种商品的销售是会影响后一种商品的销售的。观察编号为 6 的关联规则：{黄油}→{全脂牛奶}。该关联规则的置信度最高（约等于 0.5），提升度约为 2，说明在买黄油的顾客中，有一半的人同时购买了全脂牛奶，这

符合顾客早餐时用黄油涂抹面包和饮用全脂牛奶的饮食搭配习惯。编号为 22 的关联规则也同样符合人的一般饮食习惯（根茎蔬菜与绿叶蔬菜常一起食用）。而关联规则 10{豆腐}→{全脂牛奶}就有点令人费解，它可能是顾客的早餐和午餐所需食物的一种购买搭配。这些关联规则中，哪些关联规则是有用的？哪些关联规则的商业价值不大？哪些关联规则其实就是一类事实的重现？这些问题都需要做深刻的分析。一种常见的方法是将关联规则分类处理，然后探寻它们可能隐藏的有价值的信息。

（1）平凡的关联规则

平凡的关联规则指关联规则太平常、过于明显，一般是很明确的现象，这类关联规则的价值很低，如关联规则 6。

（2）可行动的关联规则

可行动的关联规则指关联规则能提供有价值的启示信息，它们是不常见的，但一般来说这类关联规则是明确且有用的，能据此提高销售额。显然，本项目就是要寻找此类关联规则。

（3）令人费解的关联规则

如果商品之间的关联规则过于不明确，以至于很难搞清楚这些关联规则形成的原因，导致很难使用或者不可能使用这些关联规则，那么这些关联规则就是令人费解的。

通过上述关联规则分析，不难发现：将{黄油}→{全脂牛奶}、{豆腐}→{全脂牛奶}、{鸡蛋}→{全脂牛奶}等关联规则应用于零售超市是很有用的。譬如根据关联规则提示，可以将这些商品捆绑促销，或者将这些商品尽可能放置在一个楼层以方便顾客购买，达到提高销售额的效果。更进一步，可以根据商家试图要促销的商品种类（如浆果类），从挖掘出的关联规则集中筛选出包含浆果的关联规则，然后根据置信度和提升度找到足够有用的关联规则。

模块小结

个性化推荐经历多年的发展，已经成为互联网商城的标配，也是 AI 成功落地的应用之一，在电商、资讯、音乐、短视频等热门领域得到了应用。作为无监督的学习过程，协同过滤推荐、关联规则等学习算法能够从没有任何先验知识的大规模数据中提取知识或发现新模式。在项目 1 中采用基于用户的协同过滤推荐算法向用户推荐他可能喜欢的电影，尽管最终没有对推荐效果进行实际验证，但这种方法在理论上是切实可行的。项目 2 是一个购物清单小规模数据的关联规则分析，采用一个简单的 Apriori 算法就发现了大量有趣且可用的购买模式。在未来的营销活动中，有些模式对商家来说可能是很有用的。总之，利用一些推荐算法，可以从表面杂乱无章的数据海洋中找到有用的东西，对个性化推荐提供依据。

课后习题

一、考考你

1. 下列算法不属于个性化推荐的是_____。

    A. 协同过滤推荐   B. 基于内容推荐

    C. 关联规则推荐   D. 分类推荐

2. 基于用户的协同过滤推荐算法的特点是_____。

    A. 找出用户的特征   B. 基于用户行为计算用户相似度

    C. 找出物品的特征   D. 计算物品的相似度

3. _____方法不是用于计算相似度的。

    A. 欧氏距离   B. 皮尔逊相关系数

    C. 均方根误差   D. 余弦向量相似度

4. 关联规则中置信度的含义是_____。

    A. 物品频繁出现的概率

    B. 一个物品的销售数量对另一个物品的影响

    C. 关联规则出现的概率

    D. 两个物品同时出现的频率与前一个物品出现频率的比例

5. 关联规则分析过程中，对原始数据进行事务型数据处理的主要原因是_____。

    A. 提高数据处理速度   B. 节省存储空间

    C. 方便算法执行   D. 形成商品交易矩阵

6. 下列选项中不属于个性化推荐的基本思路的是_____。

    A. 人们倾向于喜欢那些与自己喜欢的东西相似的其他物品

    B. 人们与自己趣味相投的人具有相似的爱好

    C. 不同的客户群体有相对固定的购物习惯

    D. 多数人都喜欢购物

7. 判断一条关联规则是否有价值的统计量有_____（多选）。

    A. 支持度   B. 置信度

    C. 准确度   D. 提升度

8. 下列关于强关联规则的说法中正确的是_____。

    A. 它是一种强制符合要求的关联规则

    B. 它的支持度和置信度均大于 0.5

    C. 它的支持度不小于最小支持度、置信度不小于最小置信度并且提升度靠前

    D. 每一条强关联规则都是有价值的

9. 用基于用户的协同过滤推荐来向用户进行个性化推荐时，经历的计算过程有_____（多选）。

    A. 计算与待推荐用户最相似的 N 个用户

    B. 计算最相似的 N 个用户已购买、但待推荐用户没有购买的商品

    C. 计算每个用户都购买过哪些商品

    D. 找出待推荐用户最可能感兴趣的商品

10. 下列选项中不属于个性化推荐的应用场景的是_____。

    A. 电商平台向用户推销商品   B. 咪咕视频网向用户推荐电影

    C. 社交网络向用户推送好友   D. 学习平台精准定位用户

二、亮一亮

1. 协同过滤推荐与关联规则推荐的区别是什么？它们各自适用于哪些场合？

2. 在推荐用户喜爱的电影的项目中，如何计算两个用户之间的相似度？

三、帮帮我

1. 基于项目 1 的样本数据，利用基于物品的协同过滤推荐算法向用户推荐他喜欢的电影。

提示如下。

（1）给用户推荐那些与他之前喜欢的电影相似的电影。

（2）计算物品相似度：首先统计每部电影被哪些人评分过，记为{电影标题:{用户编号:评分}}；其次计算两部电影之间的相关系数，即计算两部电影 a、b 被同一用户评分过的差异，记为 $\text{sim}(a,b)$；然后根据待推荐用户曾经看过的电影的评分，以及与这些电影相似度最大的 m 部电影，使用公式"评分×$\text{sim}(a,b)$"计算用户对电影的兴趣度，记为{电影标题:兴趣度}；最后将兴趣度最大的前 n 部电影推荐给该用户，从而完成电影推荐工作。

2. 某零售超市准备举办一场关于浆果旺季的促销活动，请根据项目 2 的购物清单历史数据找出包含浆果的所有可用关联规则，据此为超市提供营销建议或策略。

模块 ❼ 语音识别：让机器对你言听计从

语言是人类交流的工具，是文化的载体，文化兴国运兴，文化强民族强；文字则是人类文明的重要象征。两者一起使用既方便了沟通、保存了信息，又见证了历史、传承了人类智慧，为人类文明照亮了前进的道路。在科学技术迅猛发展的今天，各种机器助手以不同的形式出现在人们的日常生活中，如可执行语音指令的机器人、能将语音转换成文字的录音笔、听口述检索病历的医疗系统等。这些机器助手都有一个共同的特点：能"听懂"人说的话，可通过语音与人交流。那么，机器是如何听懂人的话，将语音识别成文字的呢？这就涉及 AI 技术——语音识别。

本模块内容导读如图 7-1 所示。

图 7-1　模块 7 内容导读

7.1 语音识别

语音识别（Speech Recognition，SR）是指将人说的话自动转换为文字或机器可以理解的指令的过程。语音识别的出现为实现人类梦寐以求的人机对话奠定了技术基础。语音识别在各行各业得到了广泛的应用，那么，它的技术发展经历了哪些重要阶段呢？

语音识别

7.1.1　语音识别简史

语音识别的研究始于 20 世纪 50 年代初，迄今为止已有 70 多年的历史。

（1）1952 年，贝尔实验室成功研究出了世界上第一个能识别 10 个英文数字发音的识别系统。

（2）1960 年，英国的德内斯（Denes）等人采用基于动态时间规整的模板匹配方法成功研究出第一个计算机语音识别系统。

（3）20 世纪 80 年代以后，语音识别研究的重点逐渐转向大词汇量、非特定人连续语音识别。其研究思路也发生了重大变化，即由传统的基于标准模板匹配的技术思路转向基于统计模型的技术思路。此外，将神经网络技术引入语音识别研究的技术思路得到重视和发展。

（4）2010 年之后，深度神经网络（Deep Neural Network，DNN）的兴起和分布式计算技术的进步使得语音识别研究获得重大突破。例如，2011 年，微软公司将深度神经网络成功应用于语音识别，语音识别错误率降低了近 30%。而在国内，科大讯飞、华为云语音、腾讯云智能语音、搜狗语音助手、紫冬口译、百度语音等都采用了最新的语音识别技术，相关公司开发出大量语音识别应用产品，如图 7-2 所示，语音识别应用蓬勃发展，进一步拓展了人类的生存和交流空间。

图 7-2　语音识别应用产品

7.1.2　语音识别过程

语音识别是一个非常复杂的任务，能达到今天的实际应用水准实属不易。它涉及的技术领域主要有：信号处理、模式识别、概率论、发声机理、听觉机理和人工智能等。众所周知，机器只能处理数字信号，不能直接处理人的语音信号。另外，人在说话的时候，语速有快有慢，每个人的声音、语调也不相同，且说话时周围可能有噪声。此外，即便字词发音相同（如"拟定""你定"），但表达的意思还要结合语境和上下文来进一步确定。还有，机器要进行预学习，以了解人类在语言交流中要用到哪些语料库等。不难想象，想让机器听懂人的话是很艰难的任务，语音识别过程如图 7-3 所示。

图 7-3　语音识别过程

语音识别主要包括以下 5 个关键要素。

（1）语音信号处理。人们所听到的声音是一种连续变化的模拟信号，并不能直接被计算机存储和处理，需要将它转化为在时间上离散的数字信号，数字信号的大小常用有限位的二进制数来表示，这个过程就是采样。例如，使用默认 8kHz 采样频率、16bit 量化精度、单声道来进行采样。与此同时，通过量化将时间上离散而幅度上连续的波形幅度值离散化，采样后的时域数字波形如图 7-4 所示，这样，声音就转化成了离散的数字信号，计算机就可以用不同的编码方式（如 MP3、WAV、PCM 等）来存储和处理这些数字信号了。

图 7-4　采样后的时域数字波形

　　显然，当采样频率较高时，这些波形看起来就是近似连续的，声音还原更自然。但人耳只能听到频率在 20Hz～30kHz、强度为-5～130dB 的声音，这个范围之外的声音人耳是听不到的，在音频处理中可以忽略不计。因此，提高采样频率对于听觉感受的影响很小，却要耗费更多的存储空间。

　　（2）特征提取。人的声音包含说话人的发音内容、方言口音、情感变化、声音大小等大量信息。在如此多的信息中，仅有少量的信息与语音识别有关。那如何让计算机"理解"声音呢？

　　尽管前面通过语音信号处理将声音转化成了数字信号，但在这些信号中只有少量的具有声学特征的信号与具体的声音有关。因此，需要通过特征提取在原始语音信号中提取出声音最具有辨识度的主要成分，过滤掉其他无关信息。例如，在分析一段音乐时，通常会用响度、音调和音色 3 个要素描述其特征。其中，响度代表音乐音量的大小，也就是波形的振幅大小；音调代表声音频率的高低，声音的频率越高，音调就越高，声音的频率越低，音调就越低，它对应于频谱；音色主要由声音的频谱成分决定，即声音中包含的各种频率成分的比例和强度；不同的乐器或声源由于其物理结构和振动方式，会产生具有特定频谱特征的声音。通过分析不同音乐的波形及频谱就能辨别出音乐的特征。

　　特征提取主要包括以下 4 个步骤。

　　① 预加重。预加重一般是语音信号处理的第一步。语音信号往往会有频谱倾斜（Spectral Tilt）现象，即高频部分的振幅（Amplitude）会比低频部分的小，此时预加重起到一个平衡频谱的作用——增大高频部分的振幅。一般使用一阶滤波器来实现预加重。图 7-5 所示为预加重前后（下图/上图）的对比。

图 7-5　预加重前后的对比

由图 7-5 可以看出，经预加重后，频谱在高频部分的振幅得到了提升。

② 分帧。在预加重之后，需要将信号分成短时帧。进行这一步的原因是：信号中的频率会随时间变化（不稳定），一些信号处理算法（如傅里叶变换）通常希望信号是稳定的，也就是说对整个信号进行处理是没有意义的，因为信号的频率轮廓会随着时间的推移而丢失。为了避免这种情况，就需要对信号进行分帧处理，通常认为每一帧之内的信号是短时不变的。一般帧长取 20～40ms，相邻帧之间有 50%±10%的帧长的覆盖。对自动语音识别（Automatic Speech Recognition，ASR）而言，通常取帧长为 25ms、覆盖为 10ms。

③ 加窗和快速傅里叶变换（Fast Fourier Transformation，FFT）。在分帧之后，通常需要对每帧的信号进行加窗处理，目的是让帧两端平滑地衰减，这样可以降低后续傅里叶变换（滤波处理）后一些小束波的强度，取得更高质量的频谱。对于每一帧的加窗信号，进行 N 点 FFT，也称短时傅里叶变换（Short-Time Fourier Transform，STFT），N 通常取 256 或 512，然后计算得到图 7-6 所示的语音能量谱。

图 7-6 语音能量谱

④ 提取特征。在语音能量谱上应用 Mel 滤波器组就能提取到 FBank（Filter Bank）特征。所谓 Mel 刻度，是一个能模拟人耳接收声音的规律的刻度。人耳在接收声音时呈现非线性状态，对高频的声音更不敏感，因此 Mel 刻度在低频区分辨度较高，在高频区分辨度较低。经 Mel 滤波器组转换后，最终得到声音特征。这些特征反映了音频信号在不同频率范围内的能力，保留了音频信号的一些重要特点，各帧的 FBank 特征频谱图如图 7-7 所示。

图 7-7 各帧的 FBank 特征频谱图

至此，用一系列的特征向量来描述一段段音频，每个特征向量就是每小段 FBank 特征，最终完成语音的特征提取工作。

（3）声学模型。语音经特征提取后形成一个个特征向量，那么特征向量与音素的对应关系是什么呢？也就是怎么才能知道每个音素应该发什么音呢？这就需要声学模型的帮助。声学模型用于建立声学特征与建模单元之间的映射关系，即它能利用语音的声学特征把一系列语音帧转换成若干音素。因为语音中存在协同发音的现象，即音素是上下文相关的，所以一般采用 3 音素进行声学建模。目前主流的声学模型是基于深度神经网络的隐马尔可夫模型，该模型具有能利用语音特征的上下文信息和学习非线性的更高层次的特征表达的优点。基于该模型，利用大量的语音特征向量以及它们对应的音素，可以训练从特征向量到音素的分类器，从而在识别阶段能计算每一帧的特征向量到相应音素的声学得分（概率）。

（4）语言模型。语言模型就是用来计算一个句子的概率的模型。它利用语言表达的特点，将音素转换成文字，组成意义明确的语句。例如，输入拼音"zhegecainonghao"，其对应的句子有多种，通过语言模型可计算出"这个才弄好"发生的概率为 90%，因为该句子比较常见，而"这个菜弄好"发生的概率要低些，只有 50%，其他的句子发生的概率更低。因此，转换成"这个才弄好"在多数情况下会比较合理。

（5）解码搜索。解码搜索的主要任务是在由声学模型、发音词典和语言模型构成的搜索空间中寻找最佳路径，尽快将语音转换成文本。解码时需要用到声学得分和语言得分，声学得分由声学模型计算得到，语言得分由语言模型计算得到。其中，每处理一帧特征向量都会用到声学得分，计算其对应的哪个音素的概率最大，但语言得分只有在解码到词级别时才会涉及，因为一个词一般会覆盖多帧语音特征。

由上述内容可以总结出语音识别的具体步骤如下。

（1）采集一小段语音，把它转换成数字信号，然后进行预加重、分帧和滤波处理，将其分成若干小段。

（2）按 FBank 特征或梅尔频率倒谱系数（Mel-Frequency Cepstral Coefficients，MFCC）特征进行特征提取工作，为声学模型提供合适的特征向量。

（3）利用声学模型计算每一个特征向量在声学特征上的得分。

（4）利用语言模型计算该声音对应的可能的词组序列的概率。

（5）根据已有的词典对词组序列进行解码，得到最有可能表示的文本。

下面，以我国知名的智能语音和人工智能上市企业科大讯飞公司提供的在线语音识别产品为例展示语音识别。

访问讯飞开放平台的语音听写服务，进入图 7-8 所示的体验页面。

图 7-8　语音听写服务体验页面

单击"开始识别"按钮就能在右边的文本框中实时显示语音的内容。演示效果如图 7-9 所示。

图 7-9　语音识别演示效果

7.2 深度神经网络

通过语音识别的过程可知，无论是语音的特征提取还是声学模型的建立，都用到了深度神经网络，即深度学习。深度学习近年来在语音识别、计算机视觉等多类应用中取得了突破性的进展，其根本目的在于建立模拟人类大脑的神经连接结构，进而给出数据化的解释。

7.2.1　深度神经网络基础

深度学习的异军突起极大地改变了机器学习的应用格局。今天，多数机器学习任务都可以使用深度学习模型完成，尤其在语音识别、计算机视觉和自然语言处理等领域，深度学习模型的效果比传统机器学习算法有显著提升。下面介绍深度神经网络的基本结构。

人工神经网络包括多个神经网络层，如卷积层、全连接层、池化层等，每一层包括很多神经元，超过 3 层的非线性神经网络都可以被称为深度神经网络。通俗地讲，深度学习模型可以视为由输入到输出的映射函数，如图像到高级语义的映射函数，理论上足够深的神经网络可以拟合任何复杂的函数。因此深度神经网络非常适合学习样本数据的内在规律和表示层次，对文字、图像和语音任务有很好的适用性。因为这几个领域的任务是人工智能的基础任务，所以深度学习被称为实现人工智能的基础也就不足为奇了。深度神经网络结构如图 7-10 所示，其中 i 为神经网络的输入向量，o 为输出向量。

图 7-10 涉及以下几个概念。

（1）神经元：深度神经网络中每个圆形的节点称为神经元，由以下两部分组成。

① 加权和：将所有输入加权求和。

② 非线性函数变换（激活函数）：加权和的结果经过一个非线性函数变换，可让神经元计算具备非线性的能力。

图 7-10　深度神经网络结构

（2）多层连接：大量的神经元按照不同的层次排布，形成多层的结构并连接起来，当中间的隐藏层多于 1 时，称为深度神经网络。

（3）前向计算：从输入到计算输出的过程，顺序为从深度神经网络前向后计算。

（4）计算图：以图形化的方式展现深度神经网络的计算逻辑。可以将 3 层的深度神经网络的计算图以如下公式表示，其中，Y 为神经网络的输出值。

$$Y = f_3\big(f_2\big(f_1\big(\omega_1 x_1 + \omega_2 x_2 + \omega_3 x_3 + \cdots + b\big) + \cdots\big) + \cdots\big)$$

由此可见，深度神经网络并没有那么神秘，它的本质是一个含有很多参数的"大公式"。深度学习恰恰就是通过组合低层特征形成更加抽象的高层特征（或属性类别）。例如，在计算机视觉领域，深度学习算法从原始图像学习得到低层次表达，如边缘检测器、小波滤波器等，然后在这些低层次表达的基础上，通过线性或者非线性组合来获得高层次表达。此外，这个规律不仅适用于图像，还适用于声音。例如，研究人员从某个声音库中通过算法自动发现了 20 种基本的声音结构，其余的声音都可以由这 20 种基本结构来合成。

7.2.2 卷积神经网络

在图 7-10 所示的深度神经网络中，如果输入层向量有 10^6 个，假设隐藏层向量数目与输入层一样，那么从输入层到隐藏层的权重参数就有 10^{12} 个，这还没有考虑后面其他隐藏层的参数。这样参数就太多了，模型根本无法训练。所以像语音识别、图像处理这样的应用想要训练深度神经网络，就必须先减少参数以加快训练速度。

在 20 世纪 60 年代，大卫·休伯尔（David Hubel）和托斯坦·维厄瑟尔（Torsten Wiesel）在研究大脑皮层中用于局部敏感和方向选择的神经元时，发现其独特的网络结构可以有效地降低反馈神经网络的复杂性，为卷积神经网络（Convolutional Neural Network，CNN）的提出提供了灵感。卷积神经网络的基本结构如图 7-11 所示。

图 7-11　卷积神经网络的基本结构

（1）输入层。输入层接收输入数据，它会将输入数据传递给卷积层。

（2）卷积层。卷积层要进行卷积操作，这也是卷积神经网络名字的由来。在了解卷积操作前，看这样一张图像，如图 7-12 所示。无论图 7-12 中的"X"被怎么旋转或者缩放，人眼都能很容易地将其识别出来。

图 7-12　不同形状的"X"

但是计算机看到的是一个个像素矩阵，如图 7-13 所示。对像素矩阵进行特征的提取就是卷积操作要做的事情。

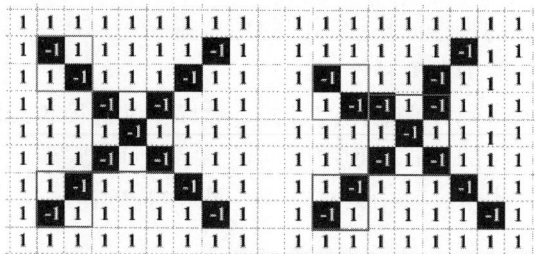

图 7-13　"X" 的像素矩阵

仔细观察图 7-13，发现 "X" 即使进行了旋转，但是方框标记的区间在两张图中还是一致的，某种程度上，这其实就是 "X" 的特征。因此可以将这 3 个特征的区间提取出来，假设提取的尺寸是 3×3，就形成了图 7-14 所示的 3 个卷积核。

图 7-14　3 个卷积核

卷积核是如何进行卷积操作的呢？其实很简单，就是用卷积核在图像的像素矩阵上一步步平移，就像扫地一样，每扫到一处就进行卷积的计算。其计算方法很简单，左上角的卷积核扫到框线的位置，则卷积核矩阵的数字就和扫到的位置的矩阵的数字一一对应相乘然后相加，最后取一个平均值，该值就是卷积核提取的特征值。

图 7-15 中卷积核的步长为 3，则卷积核从左到右、从上到下依次提取所有的特征组成一个行列数变少的矩阵，这个矩阵又称为特征图，如图 7-15 右边的矩阵所示。使用不同的卷积核能组成不同的特征图，所以可以想象的是，如果不断地进行卷积操作，那么图像的矩阵会逐步缩小，矩阵厚度则会增加。

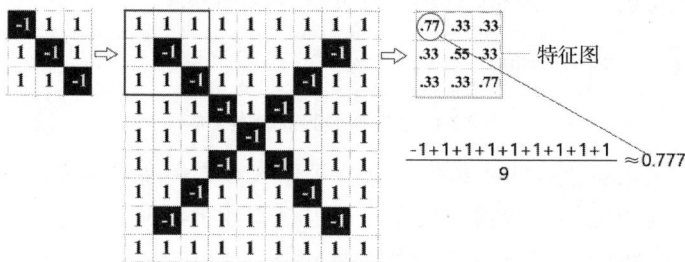

$$\frac{-1+1+1+1+1+1+1+1+1}{9} \approx 0.777$$

图 7-15　卷积计算

可以看到卷积操作通过卷积核是可以提取到图像的特征的，但是如何提前知道卷积核呢？像图 7-12 的例子可以很容易地找到 3 个卷积核，但是如果要进行人脸识别，对于具有成千上万个特征的图像，没办法提前知道什么是合适的卷积核。其实也没必要知道，因为不管选择什么样的卷积核，完全可以通过训练不断优化。初始时只需要随机设置一些卷积核，通过训练，模型其实自己可以学习到适合自己的卷积核，这也是卷积神经网络模型的强大之处。

（3）激活层。该层通过激活函数来提高卷积神经网络的非线性表达能力。一般的机器学习算法（如前文的决策树、支持向量机）都只能解决线性可分的问题，当遇到线性不可分的问题时它们便无能为力了。而卷积神经网络如此强大的原因之一就在于其引入了激活函数。激活函数经过隐藏层之间的层层调用，可以使卷积神经网络逼近任意函数，解决线性模型所不能解决的问题。例如使用图 7-16 所示的 ReLU 函数将图 7-15 所示矩阵中的负数转换为 0，也就是使用激活函数将负数变为 0。该函数本质上就是 $\max(0, x)$。激活函数的这一步处理其实也是为了简化运算。

可以看出，采用 ReLU 函数作为激活函数，当 $x > 0$ 时，梯度恒为 1，无梯度耗散问题，收敛快；当 $x < 0$ 时，该层的输出为 0，训练完成后为 0 的神经元越多，稀疏性越大。增大神经网络的稀疏性，提取出来的特征就更具有代表性，泛化能力更强，即得到同样的效果，真正起作用的神经元越少，网络的泛化性能越好；大量为 0 的神经元会使整个神经网络的运算量很小。

（4）池化层。池化也叫下采样，本质是对数据进行缩小。因为语音识别和人脸识别等通过卷积操作可以得到成千上万个特征图，每个特征图有很多的像素点，后续运算时时间会变得很长。池化其实就是对每个特征图进一步提炼的过程。图 7-17 展示了 4×4 的特征图经过池化操作之后变成了更小的 2×2 的矩阵。池化的常用方法有两种，一种是最大池化（Max Pooling），即对邻域内特征点取最大值作为最后的特征值；另一种是均值池化（Average Pooling），即取邻域内特征点的平均值作为最后的特征值。

图 7-16　ReLU 函数

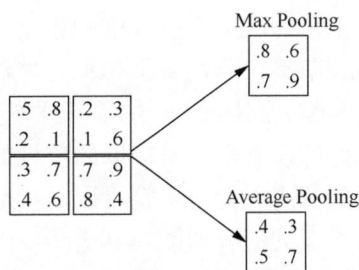

图 7-17　池化操作

（5）全连接层。通过不断卷积、激活和池化，就得到了样本的多层特征图，然后将最终得到的特征图排成一列，即将多层的特征映射为一个一维的向量，形成全连接层，如图 7-18 所示。

图 7-18　全连接层示意

全连接层的每个特征值与输出层的每个节点相连接，打破了卷积特征的空间限制，对卷积层获得的不同的特征值进行加权，目的是得到一个可以对不同类别进行区分的得分或概率，这样就形成了卷积神经网络。值得注意的是，在全连接层排成一列的数值是权重，这些权重是通过训练、反向传播得到的，通过权重的计算可以知道不同分类的概率。

项目 1——利用卷积神经网络识别英文语音数字

7.3 项目1——利用卷积神经网络识别英文语音数字

7.3.1 提出问题

在医院、银行、饭店等场所，由于资源和人手受限，人们必须排队等候服务，因此叫号系统应运而生。数字 0~9 是生活中常见的 10 个基数，任何一个数字都是由 10 个基数构成的，如果英文叫号系统在播报序号时能将对应的阿拉伯数字及时显示在大屏上，对以非英文为母语的人而言无疑是一件很好的事，能帮助他们避免因语言障碍而错过叫号。因此，有必要借助机器来实现英文语音数字的识别。

下面，利用语音特征提取技术和卷积神经网络模型对英文语音数字进行识别以完成上述目标。

7.3.2 解决方案

为识别出一段英文语音中的数字，一种简单的实现方法是，首先将语音进行切分，按说话的停顿节奏切分出每个单词，然后提取每个单词的语音特征；其次构建一个多层卷积神经网络模型，利用 0~9 的语音样本集对模型进行训练，得到满足精度要求的模型；最后利用训练好的模型逐个对提取的单词的语音特征进行分类，看它属于 0~9 中的哪个数字，将分类好的数字组合起来就可以得到最终的识别结果。

解决方案的流程如图 7-19 所示。

图 7-19 解决方案的流程

7.3.3 预备知识

语音识别过程中，要用到语音检测模块 webrtcvad、语音特征提取模块 python_speech_features 和 PaddlePaddle 框架。

1. webrtcvad 模块

webrtcvad 模块是一个语音活动检测器的 Python 接口，它通过话音激活检测（Voice Activity Detection，VAD）算法将语音信号分为有效和无效两类，据此来判断语音的开始和结束，从而从语音中切分出一个个单词。

【引例 7-1】切分音频文件中有效的语音信号。

（1）引例描述

有音频文件 1_5.wav，其中是数字 1 和 5 的英文读音，将这个音频文件中的语音信号进行切分，把每个单词的语音数据提取出来。

（2）引例分析

先读取 WAV 文件，按语音帧进行分段，然后利用 webrtcvad 模块来检测哪段语音信号是有效语音，将有效语音依次保存起来，从而实现提取单词语音数据的目的。

（3）引例实现

编程前要使用如下命令安装 webrtcvad 模块。

```
pip3 install webrtcvad
```

然后编程完成语音信号切分，实现的代码（case7-1.ipynb）如下。

```
1   import scipy.io.wavfile as wav
2   import webrtcvad
3   import numpy as np
4   samp_rate, signal_data = wav.read('data/1_5.wav')
5   vad = webrtcvad.Vad(mode = 3)
6   signal = np.pad(signal_data,(0,160-(signal_data.shape[0]%int
    (samp_rate*0.02))),'constant')
7   lens = signal.shape[0]
8   signals = np.split(signal, lens//int(samp_rate*0.02))
9   audio = [];audios = []
10  for signal_item in signals:
11    if vad.is_speech(signal_item,samp_rate):
12      audio.append(signal_item)
13    elif len(audio)>0 and (not vad.is_speech(signal_item,
      samp_rate)):
14      audios.append(np.concatenate(audio, 0))
15      audios = []
```

代码行 4 读取音频文件 1_5.wav 的采样频率和语音数据。代码行 5 构建一个模式为 3 的声音分类对象 vad。代码行 6 以帧长 20ms 来分帧，对最后一帧长度不足 160 次采样的部分进行补 0，然后在代码行 8 中对语音信号进行切分，形成一个包含若干个大小为 160 的数组的数据帧。代码行 11～15 对切分后的数据帧进行判断，如果是语音帧，则在变量 audio 中进行累计，如果不是语音帧且语音结束，则将语音帧统一转换成一维数组 audios 输出。audios 的内容如图 7-20 所示。

```
[array([ 16, 150, 294, ...,  85,  59,  51], dtype=int16),
 array([931, 604, 307, ..., -38,  -9,  18], dtype=int16)]
```

图 7-20　audios 的内容

由图 7-20 可以看出，数字 1 和 5 的英文语音信号被成功切分出来，分别保存到两个一维数组中。

2. python_speech_features 模块

有效语音信号被切分出来后，如何辨别这些语音信号是否具备独有的特征呢？这时就要用到 python_speech_features 模块，该模块提供了计算一个语音信号的 MFCC 特征和一阶、二阶差分系数的方法。MFCC 特征描述了一帧语音的静态特征，一阶、二阶差分系数描述了帧之间的动态信息，三者的结合就比较完整地描述了语音信号的全部特征。

【引例 7-2】提取语音信号的语音特征。

（1）引例描述

按 MFCC 方法提取语音信号的语音特征，并输出提取结果。

（2）引例分析

从语音信号集中取出单个语音信号，对其计算 MFCC 特征（默认 13 个特征参数）和一阶、二阶差分系数，为保证与后续训练模型要求的数据格式一致，还需要对特征数据进行填充、转置等操作。

（3）引例实现

先使用如下命令安装 python_speech_features 模块。

```
pip3 install python_speech_features
```

然后编写如下代码，实现语音特征的提取。

```
1   from python_speech_features import mfcc,delta
2   wav_feature = mfcc(audios[0],8000)
3   d_mfcc_feat = delta(wav_feature,1)
4   d_mfcc_feat2 = delta(wav_feature,2)
5   feature = np.concatenate([wav_feature.reshape(1,-1,13),d_mfcc_feat.
    reshape(1,-1,13),d_mfcc_feat2.reshape(1,-1,13)], 0)
6   if feature.shape[1]>64:
7       feature = feature[:,:64,:]
8   else:
9       feature = np.pad(feature,((0,0),(0,64-feature.shape[1]),(0,0)),
    'constant')
10  feature = feature.transpose((2,0,1))
11  feature = feature[np.newaxis,:]
```

代码行 2 计算引例 7-1 中切分出来的第一个语音信号 audios[0]的 MFCC 特征值。代码行 3～4 分别计算这些语音帧的一阶、二阶差分系数。代码行 5 将所有特征值转换成三维矩阵并合并，合并后的三维矩阵含有 3 个多行 13 列的二维特征矩阵。代码行 6～9 对每个二维特征矩阵的行数（高度）进行截取或填充，不足 64 行的在后面填充 0，以保证经处理后的特征矩阵是一个 3 通道 64×13 的矩阵。代码行 10 将特征矩阵进行转置,把原来的矩阵(0,1,2)

转换为(2,0,1)，即将三维矩阵中某一元素原来的索引坐标(x,y,z)转换为(z,x,y)，转换后的矩阵则是一个 13 通道 3×64 的矩阵。代码行 11 为特征矩阵增加一个新的维度，由原来的三维变成四维，特征矩阵转换的目的是满足网络模型对输入数据体的要求。提取的语音特征如图 7-21 所示。

```
array([[[[ 1.50488583e+01,  1.51186821e+01,  1.52201710e+01, ...,
           0.00000000e+00,  0.00000000e+00,  0.00000000e+00],
         [ 3.49118974e-02,  8.56563109e-02,  1.58480339e-01, ...,
           0.00000000e+00,  0.00000000e+00,  0.00000000e+00],
         [ 4.12449038e-02,  9.44881568e-02,  1.41938531e-01, ...,
           0.00000000e+00,  0.00000000e+00,  0.00000000e+00]],
          ...,
        [[-1.30220918e+01, -2.40000422e+01, -9.29902244e+00, ...,
           0.00000000e+00,  0.00000000e+00,  0.00000000e+00],
         [-5.48897522e+00,  1.86153466e+00,  1.01051916e+01, ...,
           0.00000000e+00,  0.00000000e+00,  0.00000000e+00],
         [-3.53181180e-01,  2.21879350e+00,  2.64683349e+00, ...,
           0.00000000e+00,  0.00000000e+00,  0.00000000e+00]]]])
```

图 7-21 提取的语音特征

3. PaddlePaddle 框架

PaddlePaddle（飞桨）是百度公司提供的一个开源的产业级深度学习框架，有全面的官方支持的工业级应用模型，涵盖自然语言处理、计算机视觉、推荐引擎等多个领域，并开放了多个领先的预训练模型。飞桨同时支持稠密参数场景和稀疏参数场景的大规模深度学习并行训练，支持千亿规模参数、数百个节点的高效并行训练。另外，飞桨拥有多端部署能力，支持服务器端、移动端等多种异构硬件设备的高速推理，在预测性能方面有显著优势。目前飞桨已经实现了应用程序接口（Application Program Interface，API）的稳定和向后兼容，具有完善的中英双语使用文档。飞桨的应用框架如图 7-22 所示。

图 7-22 飞桨的应用框架

图 7-22 的上半部分展示了从开发、训练到部署的全流程工具，下半部分展示了管理工具所涉及的开发套件和模型库等模型资源。飞桨除提供用于模型研发的基础框架外，还推出了一系列的工具，以支持深度学习模型从训练到部署的全流程。其主要的工具如下。

（1）模型训练工具

飞桨提供了分布式训练框架 FleetAPI、云上任务提交工具 PaddleCloud。同时，飞桨支持多任务训练，如多任务学习框架 PALM。

（2）模型部署工具

飞桨针对不同的硬件环境提供了丰富的支持方案。

① Paddle Inference：飞桨原生推理库，用于服务器端模型部署，支持 Python、C、C++、Go 等语言，是将模型融入业务系统的首选工具。

② Paddle Serving：飞桨服务化部署框架，用于云端服务化部署，可将模型作为单独的 Web 服务。

③ Paddle Lite：飞桨轻量化推理引擎，用于 Mobile 及物联网（Internet of Things，IoT）等场景的部署，有着广泛的硬件支持。

④ Paddle.js：飞桨前端推理引擎，使用 JavaScript 部署模型，用于在浏览器、小程序等环境中快速部署模型。

（3）其他全流程的辅助工具

① AutoDL：飞桨自动化深度学习工具，自动搜索最优的网络结构与超参数，免去用户在诸多网络结构中选择的烦恼和人工调参的烦琐工作。

② VisualDL：飞桨可视化分析工具，不仅提供重要模型信息的可视化呈现，还允许用户在图形上进行进一步的交互式分析，模型状态和问题的深刻了解，启发并优化思路。

③ PaddleFL：飞桨联邦学习框架，可以让用户使用外部服务器端资源进行训练，但又不泄露业务数据。

④ PaddleX：飞桨全流程开发工具，可以让用户方便地基于 PaddleX 制作出适合自己行业的图形化 AI 建模工具。

（4）模型资源

飞桨提供了预训练模型管理工具、丰富的端到端开发套件和模型库。

① PaddleHub：预训练模型管理和迁移学习组件，提供超过 100 个预训练模型，覆盖自然语言处理、计算机视觉、语音识别、智能推荐四大领域。实现了模型即软件，即 PaddleHub 通过 Python API 或者命令行工具，使用一行代码就能完成预训练模型的预测功能。PaddleHub 结合微调（Fine-tune）API，几行代码就能完成迁移学习，是进行概念验证（Proof of Concept，PoC）的首选工具。

② 开发套件：飞桨针对具体的应用场景提供了全套的研发工具，如针对图像检测场景，飞桨不仅提供了预训练模型，还提供了数据增强等工具。开发套件也覆盖计算机视觉、自然语言处理、语音识别、智能推荐这些主流领域，甚至还覆盖图神经网络和增强学习领域。与 PaddleHub 不同，开发套件可以提供一个领域极致优化的实现方案，曾有国内团队使用飞桨的开发套件拿下了国际建模竞赛的大奖。一些典型的开发套件如下。

● ERNIE：飞桨语义理解套件，支持各类训练任务的微调、保证极速推理的（Fast-Inference）API，其具备灵活部署的 ERNIE Service 和轻量方案的 ERNIE Tiny 系列工具集。

● PaddleClas：飞桨图像分类套件，目的是为工业界和学术界提供便捷易用的图像分类任务模型和工具集，打通模型开发、训练、压缩、部署全流程，助力用户训练更好的图像分类模型和实现应用落地。

● PaddleDetection：飞桨目标检测套件，目的是帮助用户更快、更好地完成模型的训练，完成精度和速度的优化到最终部署的全流程开发。其以模块化的设计实现了多种主流目标检测算法，并且提供了丰富的数据增强、网络组建、损失函数等模块，集成了模型压缩和跨平台高性能部署能力，具备高性能、模型丰富和工业级部署等特点。

- PaddleSeg：飞桨图形分割套件，覆盖了 U-Net、DeepLabv3+、ICNet、PSPNet 和 HRNet 等主流的分割模型。它通过统一的配置帮助用户更便捷地完成从训练到部署的全流程图像分割应用。其具备丰富的数据增强、主流模型覆盖、高性能和工业级部署等特点。

- PLSC：飞桨超大规模分类套件，为用户提供了大规模分类任务从训练到部署的全流程解决方案。其提供了简洁易用的高层 API，通过数行代码即可实现千万类别分类的神经网络的训练，并提供快速部署模型的能力。

- ElasticCTR：飞桨弹性计算推荐套件，提供了分布式训练 CTR（Click Through Rate，点击率）预估任务和 Serving 流程一键部署方案，以及端到端的 CTR 训练和二次开发的解决方案；具备产业实践基础、弹性调度能力、高性能和工业级部署等特点。

- Parakeet：飞桨语音合成套件，提供了灵活、高效、先进的文本到语音合成工具套件，能帮助用户更便捷、高效地完成语音合成模型的开发和应用。

- PGL：飞桨图神经网络套件，原生支持异构图，支持分布式图存储及分布式学习算法，覆盖业界大部分图学习网络，能帮助用户灵活、高效地搭建不同领域的图神经网络。

- PARL：飞桨强化学习套件，为百度夺冠神经信息处理系统大会（Neural Information Processing System，NeurIPS）2018 和 NeurIPS 2019 立下功劳。它具有高灵活性、可扩展性和高性能的特点，支持大规模的并行计算，覆盖 DQN、DDPG、PPO、IMPALA、A2C、GA3C 等主流强化学习算法。

由此可见，利用飞桨能节省编写大量底层代码的精力，用户只需关注模型的逻辑结构。同时，深度学习工具简化了计算过程，降低了深度学习入门门槛，对学习者来说无疑是件很好的事。另外，利用飞桨的灵活移植性特点，可将代码部署到 CPU、GPU 或移动端上，选择具有分布式性能的深度学习工具会使模型训练更高效，减少部署和适配环境的烦恼。

【引例 7-3】搭建一个预测房价的神经网络模型。

（1）引例描述

搭建一个简单的、仅基于房屋面积进行房价预测的神经网络模型。

（2）引例分析

利用飞桨来搭建该神经网络模型，主要包括两个步骤：一是导入相关的库文件，二是创建模型类。其中模型类主要定义初始化方法__init__和前向计算方法 forward。因为本模型实质是一个线性回归的网络结构，所以只需要定义一层全连接层。

（3）引例实现

先执行以下命令安装飞桨核心框架。

```
pip3 install paddlepaddle -i https://pypi.tuna.tsinghua.edu.cn/simple
```

然后编写以下代码搭建房价预测神经网络模型。

```
1   from paddle.nn import Linear  #paddlepaddle 2.6.1版本
2   class Regressor(paddle.nn.Layer):
3       def __init__(self):
```

```
4              super().__init__()
5              self.fc = Linear(input_dim = 1,output_dim = 1,act = None)
6          def forward(self,inputs):
7              x = self.fc(inputs)
8              return x
```

代码行 1 从神经网络库 nn 中导入全连接线性变换类 Linear。代码行 2～8 定义一个线性回归网络 Regressor，其中只有一个全连接层 fc，输入维度为 1（房屋面积），输出维度为 1（房价）。因为该模型只是一个线性回归模型，所以定义激活函数为 None，通过前向计算方法来搭建神经网络结构，实现前向计算过程并返回预测结果，在本引例中返回房价预测结果。

7.3.4　任务 1——提取音频文件的语音特征数据

【任务描述】事先准备了一个单声道、8kHz 采样频率、16bit 量化精度的音频文件 audio.wav，为方便提取语音特征数据、减少代码冗余和提高代码的可移植性，将 7.3.3 小节中的【引例 7-1】和【引例 7-2】的代码封装在类 VoiceFeature 中，通过调用语音切分方法 vad 和特征数据提取方法 get_mfcc 来完成音频文件的语音特征数据提取任务，为后续进一步的语音识别做好数据准备工作。为此，要新建文件 7-3_task1.ipynb。

【任务目标】提取音频文件 audio.wav 的语音特征数据，按后续语音数字识别神经网络模型的输入数据格式要求，得到一个形状为 $(n,13,3,64)$ 的特征数据矩阵，其中 n 指音频中包含的数字个数。

【完成步骤】

1. 设计特征数据提取类 VoiceFeature

定义类 VoiceFeature，其中主要包含 vad 和 get_mfcc 两个成员方法，分别实现语音切分和特征数据提取功能，具体的代码见前文的【引例 7-1】和【引例 7-2】，在此不赘述。

为方便模块的调用，需要在 Jupyter Notebook 环境中将类 VoiceFeature 另存为 VoiceFeature.py 文件，操作方法如图 7-23 所示。

图 7-23　将类 VoiceFeature 另存为 VoiceFeature.py 文件

2. 提取语音特征数据

在文件 7-3_task1.ipynb 中调用模块 VoiceFeature，编写以下代码，得到满足神经网络模型输入格式的特征数据。

```
1  from VoiceFeature import *
2  voicefeature = VoiceFeature()
3  audios,samp_rate = voicefeature.vad('data\\audio.wav')
4  features = []
5  for audio in audios:
6      feature = voicefeature.get_mfcc(audio, samp_rate)
7      features.append(feature)
8  features = np.concatenate(features, 0).astype('float32')
```

代码行 1 导入 VoiceFeature 模块中的所有类。代码行 2 创建对象 voicefeature。代码行 3 调用对象 voicefeature 的 vad 方法完成语音切分。代码行 4～8 对切分出的语音数据集 audios 采用 MFCC 算法进行特征数据提取，提取后的结果保存在矩阵变量 features 中。执行如下命令查看 features 的矩阵形状，命令执行结果如图 7-24 所示。

```
features.shape
```

```
(4, 13, 3, 64)
```

图 7-24 features 的矩阵形状

由图 7-24 可以看出，特征矩阵 features 包含 4 个语音数字，其特征数据分别保存在 13 通道 3×64 的矩阵中。为识别出这 4 个语音数字，还需要构建语音数字识别神经网络模型，利用模型对其做进一步的处理。

7.3.5 任务 2——构建语音数字识别神经网络模型

【任务描述】前文已经提到，利用多层卷积神经网络不仅能进行图像分类，还能完成语音识别。可以根据任务 1 提取到的每个语音数字的特征数据，通过普通的二维卷积对其进行处理，将其分类到 0～9 共 10 个类别上。

【任务目标】设计一个语音数字识别神经网络模型，对其进行训练并保存最优模型。

【完成步骤】

1. 定义语音数字识别神经网络模型

该模型就是一个分类器，它的输入就是 $n×13×3×64$ 的四维语音矩阵，它的输出是十维向量，即 $Y = (y_0, y_1, \cdots, y_9)$，第 i 维是语音片段被分类为第 i 个数字的概率，如 $Y = (0, 1, \cdots, 0)$ 表示该语音片段对应的数字是 1。

为简化网络模型，采用多层卷积神经网络和全连接层来构建网络模型，其网络模型结构如图 7-25 所示。

图 7-25　语音数字识别神经网络模型结构

在图 7-25 中，每两个卷积层为一个块，前一层负责提取特征数据，后一层负责下采样，经过 6 层卷积操作后，形成 1×8×64 单通道特征输出，经过两个全连接层进行分类，最终得到识别结果。模型的实现代码如下。

```
1   import paddle #paddle2.6.1 版本
2   from paddle import reshape
3   from paddle.nn import Linear, Conv2D
4   from paddle.nn.functional import softmax_with_cross_entropy
5   from paddle.metric import accuracy
6   class AudioCNN(paddle.nn.Layer): #定义语音数字识别神经网络模型
7       def __init__(self):
8           super().__init__()
9           self.conv1 = Conv2D(in_channels = 13,out_channels = 16,
            kernel_size = 3,stride = 1,padding = 1)
10          self.conv2 = Conv2D(16,16,(3,2),(1,2),(1,0))
11          self.conv3 = Conv2D(16,32,3,1,1)
12          self.conv4 = Conv2D(32,32,(3,2),(1,2),(1,0))
13          self.conv5 = Conv2D(32,64,3,1,1)
14          self.conv6 = Conv2D(64,64,(3,2),2)
15          self.fc1 = Linear(in_features = 1*8*64,out_features = 128)
16          self.fc2 = Linear(128,10)
17      def forward(self, inputs, labels = None): # 定义前向网络
18          out = self.conv1(inputs)
19          out = self.conv2(out)
20          out = self.conv3(out)
21          out = self.conv4(out)
22          out = self.conv5(out)
23          out = self.conv6(out)
24          out = reshape(out,[-1,8*64])
25          out = self.fc1(out)
26          out = self.fc2(out)
27          if labels is not None:
28              loss = softmax_with_cross_entropy(out, labels)
29              acc = accuracy(out, labels)
30              return loss, acc
31          else:
32              return out
```

代码行 9 定义的二维卷积层的输入通道数与输入数据的通道格式一致（为 13），采用

16 个卷积核，卷积核大小即滤波器尺寸为 3×3，步长为 1、填充尺寸为 1，进行特征数据提取。代码行 10 利用尺寸为 3×2 的滤波器，按水平、垂直方向设置步长分别为 1 和 2，无填充，实现下采样。代码行 11~14 完成两组特征数据提取和下采样操作。代码行 15 主要对卷积后的特征数据进行降维，形成一个 1×128 的向量。代码行 16 完成分类操作。

代码行 17~32 定义前向网络，其中代码行 18~26 采用初始化方法 __init__ 中定义好的网络层依次对输入数据 inputs 进行前向处理，代码行 27~32 返回处理后的结果，如果样本带有标签，则计算分类误差 loss 和分类精度 acc，否则直接返回分类结果 out。

2. 模型训练及保存最优模型

语音样本集采用 Free-Spoken-Digit-Dataset 语音集，该语音集一共有 3000 条数据。模型的训练过程主要包括以下几个方面。

（1）以动态图的模式实时执行训练，设置 CPU/GPU 训练模式、模型优化器、Loss 计算方法、精度计算方法等。

（2）创建定义好的模型 AudioCNN 实例，并将模型的状态设置为训练。

（3）加载训练数据和测试数据。

（4）设置训练迭代次数，启动模型迭代训练。在迭代过程中，可以观察到模型的训练误差和训练精度。

（5）保存训练好的模型。

模型训练的代码略，具体可参考飞桨 AI Studio 中的"语音分类：全流程英文数字音频分类"项目。模型训练完成后，通过以下代码保存模型，以备测试或校验的程序调用。

```
paddle.save(model.state_dict(), './data/final_model')
```

然后就可以利用模型来测试英文语音数字的识别效果了。

7.3.6　任务 3——利用训练好的模型来识别语音

【任务描述】任务 1 已经获取了英文数字的语音特征，并在任务 2 中对构建的神经网络模型进行了训练。下面就利用保存的模型对语音特征数据进行分类，并将分类结果合并，最终完成对语音的识别任务。

【任务目标】利用训练好的语音数字识别神经网络模型对语音特征数据进行分类识别，得到音频文件 audio.wav 的识别结果。

【完成步骤】

1. 配置模型识别的机器资源

从前文的模型定义和训练来看，训练好最后的模型所花的时间相对较少，这主要是因为所使用的 AudioCNN 比较简单。但现实生活中，可能会遇到更复杂的机器学习、深度学习任务，需要运算速度更高的硬件（GPU、TPU），甚至同时使用多个机器共同执行一个任务（多卡训练和多机训练）。但本项目是在普通的计算机上进行训练和预测，所以通过以下语句配置模型识别的机器资源。

```
cpu = paddle.CPUPlace()
exe = paddle.static.Executor(cpu)
```

2. 为模型实例加载模型参数

首先要构造一个模型实例 model，然后将前文训练好的模型 final_model 参数加载到模型实例中。加载完毕后，还需将模型的状态调整为校验状态 eval，这是因为模型在训练过程中要同时支持正向计算和反向传导梯度，此时的模型比较臃肿；而校验状态 eval 的模型只需支持正向计算，此时模型的实现简单且性能较高。对应的代码如下。

```
1   import numpy as np
2   import paddle
3   from paddle import to_tensor, load
4   from AudioCNN import AudioCNN
5   model = AudioCNN()
6   layer_state_dict = paddle.load('data/final_model.pdparams')
7   model.set_state_dict(layer_state_dict)
8   model.eval()
```

代码行 5 构造神经网络类 AudioCNN 的一个模型实例 model，代码行 6 加载目录 data 下训练好的模型 final_model，代码行 7 为模型实例 model 加载参数，代码行 8 完成对模型的校验，模型只用于预测。

3. 将提取的特征数据输入模型以得到识别结果

任务 1 中提取出了英文语音数字的语音特征 features，下面就基于该特征数据，利用训练好的模型进行语音识别，实现的代码如下。

```
1   features = to_tensor(features)
2   out = model(features)
3   result = ' '.join([str(num) for num in np.argmax(out.numpy(),
    1).tolist()])
4   print('语音识别的结果是：',result)
```

代码行 1 将多维矩阵转换成飞桨支持的张量类型，代码行 2 将特征数据 features 作为模型的输入来预测识别结果。由于模型的输出 out 仍是一个张量类型，因此在代码行 3 中对其进行 NumPy 类型转换，将其转换成一个二维数组，然后按行求各行中的最大值的索引，因为索引值与预测的数字值是一一对应的，故最后的拼接结果 result 实际就是识别的数字。识别的结果如图 7-26 所示。

语音数字的识别结果是： 5 7 9 6

图 7-26 音频文件 audio.wav 的识别结果

可以看到，模型准确识别出音频文件 audio.wav 的内容，说明卷积神经网络的确可用于语音识别，且能获得较好的识别效果。

7.4 项目 2——自制一个简单的语音"阅读"器

项目 2——自制一个简单的语音"阅读"器

7.4.1 提出问题

在人们阅读网络新闻时，往往会使用语音播放功能来倾听新闻内容，这样不仅能舒缓眼睛疲劳，而且能听到生动的新闻内容。另外，随着网络直播领域虚拟人的流行，虚拟主播深度定制、个性化的声音让观众耳目一新，这对有社交恐惧、不善言辞的演讲者而言无疑是一件非常好的事情。在语音智能客服或虚拟教学、盲人辅助服务等场景中，时常会听到悦耳的语音播报，这极大地提升了服务效果，同时减轻了相关人员的工作压力。那么，以上场景中将文本转换成语音是如何实现的呢？

这涉及实时语音合成技术。通过项目 1，可以了解到语音识别的几个关键要素：语音信号采集、预处理、特征提取、建模和模型训练等。从形式上看，语音合成可以理解为语音识别的逆操作，但实际上二者在原理上还是有很大区别的。为解决上述问题，需要用到语音合成技术。令人备受鼓舞的是，不仅讯飞开放平台、百度智能云等提供了在线和离线的语音合成功能，还有一些 Python 第三方库也提供了语音合成功能，让人们能轻松解决上述问题。

下面将利用百度智能云提供的短文本在线合成功能完成一个简单的语音"阅读"器的设计。

7.4.2　解决方案

首先，要在百度智能云平台上创建账号，获取使用百度智能云提供的产品、服务的权限。其次，在控制台上领取免费资源，创建文本在线合成应用，以便在应用程序中可以调用该应用关联的语音技术接口服务。然后，进行 API 在线调试，确认该应用能正常使用。最后，编程调用上述应用接口，对文本进行语音转换，以实现语音"阅读"的效果。

解决方案的流程如图 7-27 所示。

图 7-27　解决方案的流程

7.4.3　预备知识

由项目 1 不难得出，对一般用户而言，根据应用需求来构建一个神经网络模型并不是一件轻松的事情，不仅用户要具有深度学习的专业知识，还需要计算机有足够的算力来完成模型的训练。那么，有没有一种相对简单、易行的方法可以直接使用已部署好的模型？幸运的是，百度智能云能帮助人们解决上述问题。

1. 百度智能云

百度智能云以"云智一体"为核心赋能千行百业，致力于为企业和开发者提供全球优质的人工智能、大数据和云计算服务以及简单易用的开发工具，加速产业智能化转型升级。

用户可以在图7-28所示的百度智能云控制台上，按照自己的开发诉求选择对应的产品、服务，从而快速构建属于自己的应用系统。

图7-28　百度智能云控制台

2．创建一个语音合成应用

语音合成是将计算机自己产生的、或外部输入的文字信息转变为人可以听得懂的、流利的语音输出的技术，通常称为文本—语音转换（Text to Speech，TTS）。TTS技术是实现人机语音通信的关键技术之一，使计算机具有与人类似的说话能力，是当今时代信息产业的重要技术竞争领域。和ASR相比，语音合成的技术相对成熟，是应用范围较广的技术，语音合成的基本流程如图7-29所示。

图7-29　语音合成的基本流程

其中文本前端主要负责在语言层、语法层、语义层对输入文本进行文本分析，从文本中提取发音和语言学信息。声学模型主要是把文本前端的发音信息转换为声学特征，如梅尔频谱或线性谱。声码器通过声学特征生成语音波形，它是决定语音质量的一个重要因素。

为简化语音合成开发过程，在图7-28所示的页面单击"语音技术"链接，来到创建语音技术服务的概览页面，如图7-30所示。由此可见，创建一个应用主要包括"免费尝鲜""创建应用"和"调用服务"3个步骤。

图 7-30　创建语音技术服务的概览页面

其中"免费尝鲜"用以领取一些免费的接口资源。单击"去创建"链接会出现图 7-31 所示的页面。

图 7-31　新建一个语音合成应用的操作页面

按提示依次填写应用名称、选择接口类型和语音包名、填入应用描述，创建一个图 7-32 所示的语音合成应用。图中的 AppID、API Key 和 Secret Key 是访问该应用的鉴权参数，如果参数错误，服务器会拒绝访问。

图 7-32　创建的语音合成应用

单击新建的"语音阅读器"，利用控制台左边功能栏提供的"调试"功能可以对其进行在线调试，如图 7-33 所示。

图 7-33　应用调试通过

该应用通过调试后，就可以在下面的任务中进行调用，以支持构建一个简单的语音"阅读"器，一睹语音"阅读"新闻的风采，感受触手可及的语音合成的魅力。

7.4.4　任务 1——读取需阅读的文件内容

【任务描述】设计一个语音"阅读"器的首要工作是准备好需要阅读的内容，阅读内容以 HTML、TXT 等文件格式保存。通过文件操作将文本内容读取出来，作为文本合成语音的数据源。根据任务目标，按照以下步骤完成任务 1。

【任务目标】按文本—语音转换的要求，将需要阅读的文件内容读取出来，为语音合成做好数据准备。

【完成步骤】

1. 准备数据文件

将需要文本—语音转换的阅读内容通过爬虫或人工的方式进行整理，形成统一的文件格式，方便对阅读内容进行处理。此处直接将新闻内容保存为 news.txt 文件，简化文件形成过程。

2. 读取文件内容

定义 get_content 函数，返回需要阅读的文件内容，实现代码如下。

```
1  def get_content(fileName):
2      with open(fileName,'r',encoding = 'utf-8') as f:
3          content = f.read()
4      return content
```

代码行 2 以只读、utf-8 编码的方式打开文件，代码行 3 读取文件内容，代码行 4 返回读取的内容，为后续的文本—语音转换做好数据准备。

7.4.5 任务 2——验证访问语音合成应用的令牌

【任务描述】"预备知识"部分已经成功创建了一个名叫"语音阅读器"的在线语言合成应用，在正式调用该应用之前，必须对用户的鉴权进行验证，并返回验证结果。

【任务目标】验证在线访问语音合成应用的用户的合法性，保证按用户令牌响应请求。

【完成步骤】

1. 导入第三方库和定义常量

（1）导入库和函数

根据令牌验证编程要求，使用 import 命令导入如下第三方库和函数。

```
1  import json
2  from urllib.request import urlopen
3  from urllib.request import Request
4  from urllib.error import URLError
5  from urllib.parse import urlencode
6  from urllib.parse import quote_plus
```

代码行 1 导入 json 库，以满足网络请求及返回消息的数据格式处理要求。代码行 2 导入的 urlopen 函数，用于发送 POST 请求并获取服务器的响应。代码行 3 导入的 Request 类可以构建网络请求对象。代码行 4 的 URLError 类用于处理与 URL 相关的错误。代码行 5 导入的 urlencode 函数会将字符串进行 URL 编码。代码行 6 导入的 quote_plus 函数用于对字符串进行编码，以便将其作为 URL 的一部分安全地传输。

（2）定义常量

将令牌验证 URL 地址和文本—语音转换能力标记符以常量形式保存，以提升程序的可维护性和灵活性。具体代码如下。

```
1  TOKEN_URL = 'http://aip.baidubce.com/oauth/2.0/token'
2  SCOPE = 'audio_tts_post'
```

代码行 1 定义令牌验证的网址。代码行 2 定义在控制台是否勾选语音合成功能。

2. 定义令牌验证函数

定义令牌验证函数，对用户提供的 APIKey、SecretKey 鉴权参数进行验证，确保合法用户能在线访问语音合成应用，并视情况返回错误提示，具体代码如下。

```
1  def fetch_token(APIKey,SecretKey):
2      params = {'grant_type': 'client_credentials',
3               'client_id': APIKey,
4               'client_secret': SecretKey}
5      post_data = urlencode(params)
6      post_data = post_data.encode('utf-8')
7      req = Request(TOKEN_URL, post_data)
8      try:
9          f = urlopen(req, timeout = 5)
10         result_str = f.read()
11     except URLError as err:
12         print('令牌响应错误代码 : ' + str(err.code))
```

```
13              result_str = err.read()
14      result_str = result_str.decode()
15      result = json.loads(result_str)
16      if ('access_token' in result.keys() and 'scope' in result.keys()):
17          if not SCOPE in result['scope'].split(' '):
18              raise DemoError('没有语音合成接口服务')
19          return result['access_token']
20      else:
21          raise DemoError('API_KEY 或r SECRET_KEY 错误! ')
```

代码行 2~4 定义向鉴权服务器发送请求的参数。代码行 5~6 将请求数据进行两次编码处理。代码行 7 构建一个请求对象。代码行 8~13 对发送请求的响应进行处理，如果正常则通过代码行 10 获取响应结果，否则在代码行 13 获取错误消息。代码行 14、代码行 15分别将响应结果进行解码和解析，以得到字典数据格式的对象。代码行 16~21 对最终的响应结果进行分析，看本次请求是否具有令牌和语音合成功能，如果有则在代码行 19 返回访问令牌，否则抛出异常提示。

验证通过后，就可以正常调用百度智能云控制台提供的在线语音合成功能将上传的文本转换成语音文件。

7.4.6　任务 3——调用文本在线合成 API 实现文本—语音转换

【任务描述】令牌验证后，就可以将任务 1 中读取的文本内容以请求参数的形式向控制台提供的语音合成服务发出请求，并将响应的结果写入语音文件，从而完成文本—语音转换。

【任务目标】调用在百度智能云上创建的语音合成应用，以文本在线合成的方式生成语音文件并进行播放。

【完成步骤】

1. 编写文本—语音转换函数

（1）定义常量

将语音文件常见的几种格式、用户标识、文本在线合成语音服务 URL 以常量的形式保存，以增强程序的健壮性和可维护性，具体代码如下。

```
1   FORMATS = {3: "mp3", 4: "pcm", 5: "pcm", 6: "wav"}
2   FORMAT = FORMATS[3]
3   CUID = "123456PYTHON"
4   TTS_URL = 'http://tsn.baidu.com/text2audio'
```

代码行 2 定义转换后的语音文件为 MP3 格式。代码行 3~4 定义用户标识和文本在线合成语音服务地址。

（2）定义文本—语音转换函数

该函数实现令牌验证，并将文本转换成音频文件，具体代码如下。

```
1   def tts(text,APIKey,SecretKey):
2       token = fetch_token(APIKey,SecretKey)
3       tex = quote_plus(text)
4       params = {'tok':token, 'tex':tex, 'per':4, 'spd':4, 'pit':5,
```

```
              'vol':5, 'aue':3, 'cuid':CUID,'lan': 'zh', 'ctp': 1}
5      data = urlencode(params)
6      req = Request(TTS_URL, data.encode('utf-8'))
7      has_error = False
8      try:
9          f = urlopen(req)
10         result_str = f.read()
11     except URLError as err:
12         result_str = err.read()
13         has_error = True
14     save_file = "./data/error.txt" if has_error
           else './data/tts_result.' + FORMAT
15     with open(save_file, 'wb') as of:
16         of.write(result_str)
17         print('语音合成成功！')
18     return has_error , save_file
```

代码行 2 对用户的令牌进行验证。代码行 3～5 分别对文本 text 和请求参数 params 进行 URL 编码，以保证 URL 的准确性和可用性。代码行 6 创建一个请求对象 req。代码行 8～13 对发出的请求响应进行处理，如果正常，在代码行 9 获取返回的内容；否则，在代码行 12 获取错误消息。代码行 14 判断是否有响应异常，据此将音频文件格式定义为 TXT 或 MP3 格式。代码行 15～18 依次将响应内容写入文件，并返回错误标记和文件路径。

2. 编写主程序代码

程序从此处开始执行，最终实现文本的阅读功能，代码如下。

```
1    import IPython.display as dp
2    APIKey = 'n2DyfiuB4srfDhdeZckFq1aq' #使用自己已创建应用的鉴权
3    SecretKey = 'bSdAlSWQ6OJCOyeZfGr9AmzaMjo7yIp0'
4    text = get_content('./data/news.txt')
5    has_error,saveFile = tts(text,APIKey,SecretKey)
6    if not has_error:
7        audio = dp.Audio(saveFile)
8        display(audio)
```

代码行 2～3 是用户在百度智能云控制台上创建一个语音合成应用的鉴权参数。代码行 4 调用 get_content 函数读取新闻文件内容。代码行 5 调用 tts 函数将读取的新闻内容转换成音频文件，并返回错误标记和音频文件地址。代码行 6～8 判断是否有响应错误，如果没有，则根据音频文件地址创建一个音频文件操作对象 audio，最终在代码行 8 播放该音频文件。程序的运行结果如图 7-34 所示。

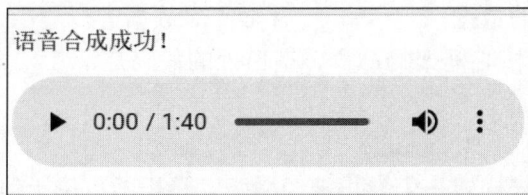

图 7-34 语音合成结果

由图 7-34 可以看出，利用百度智能云提供的在线语音合成功能就能比较快速地构建一个简单的语音"阅读"器，最后的语音合成效果还是不错的。读者可以结合实际应用场景对项目 2 进行完善和升级，以进一步提高语音"阅读"器的可用性和便捷性。

模块小结

当今世界，信息层出不穷，国家交流和合作日益频繁，语言在推动全球化发展过程中的作用不可忽视。利用 AI 技术实现语音识别和语音合成是突破语言障碍的重要手段之一。随着 AI 技术的不断进步和完善，语音识别产品推陈出新，在译文流畅度和识别精确度上均有很好的表现。其中，深度神经网络功不可没，尤其是卷积神经网络正大放异彩。在项目 1 中，基于卷积神经网络设计了一个简单的语音数字识别神经网络模型，通过提取语音特征数据对模型进行训练，取得了较好的语音识别效果，从而验证了卷积神经网络在语音识别方面的作用。为降低技术门槛，减少模型的训练成本和缩短应用程序开发周期，百度、科大讯飞、华为等公司相继推出了人工智能云服务平台，让用户可以根据具体的业务场景轻松、高效地完成模型的创建、训练、上线和应用集成工作。项目 2 运用百度智能云控制台创建应用接口和线上调试 API，然后在应用程序中进行调用和集成，最后完成一个简单的语音"阅读"器的设计。需要注意的是，尽管类似于百度智能云的一些 AI 应用平台提高了将 AI 应用落地的效率，但具有扎实的神经网络基础和相关领域基础知识还是非常有助于学习者灵活运用 AI 技术来解决业界的一些具体问题的。

课后习题

一、考考你

1. 语音识别主要包括语音信号处理、_____、声学模型、语言模型和解码搜索 5 个关键要素。
   A. 采用频率　　　　B. 分频技术　　　　C. 特征提取　　　　D. 模型训练
2. 深度神经网络与基本神经网络的区别是_____。
   A. 输入层节点数不同　　　　　　　B. 输出层节点数不同
   C. 隐藏层层数不同　　　　　　　　D. 激活函数不同
3. 卷积神经网络的主要特点是具有_____。
   A. 池化层　　　　　B. 全连接层　　　　C. 卷积操作　　　　D. 多层隐藏层
4. 卷积神经网络池化层的本质是_____。
   A. 提取特征数据　　　　　　　　　B. 提高模型泛化能力
   C. 过滤不必要的数据　　　　　　　D. 对数据进行缩小
5. 以下是安装飞桨核心框架的命令，空白处的代码是_____。

   pip3 install _____
   A. paddlepaddle　　B. paddle　　　　C. easydl　　　　D. paddlehub
6. 利用 paddle 2.0 来构建一个卷积神经网络，卷积函数位于包_____中。
   A. fluid　　　　　　B. framework　　　C. nn　　　　　　D. tensor

7. 对图 7-35 中的数据按核=2×2、步长=2 进行最大池化，结果是_____。

```
1  2  3  4
4  5  7  8
```

图 7-35 数据

    A. [8]   B. [5,7,8]   C. [7,8]   D. [5,8]

8. 语音特征提取过程中，分帧的主要作用是_____。

    A. 提高采样效率   B. 取得更高质量的频谱

    C. 平衡频谱   D. 保证短时长的音频信号不变

9. 下列代码的功能是_____。

```
urlopen(req, timeout=5)
```

    A. 构建一个请求对象   B. 设定请求的超时时间

    C. 发送响应时长为 5 秒的请求   D. 获取响应内容

10. 下列属于语音识别应用场景的有_____（多选）。

    A. 微信的语音输入   B. 智能音箱

    C. 翻译笔   D. 智能会议记录

二、亮一亮

1. 请简述语音识别的过程。

2. 什么是深度神经网络？什么是卷积神经网络？两者有何异同？

三、帮帮我

1. 利用百度智能云创建一个语音识别应用，用它来识别本地的一个短音频文件。
提示如下。

（1）使用命令 pip3 install baidu-aip 安装 AipSpeech 模块。

（2）创建一个 AipSpeech 的客户端对象 client。

（3）调用 client 的自动语音识别方法 asr 将本地音频文件发送到服务器端，并对返回的数据进行解析从而得到语音识别结果。

2. 利用语音合成库 pyttsx3 设计一个语音合成器，实现语音播放本地文件内容的功能。
提示如下。

（1）使用命令 import pyttsx3 安装 pyttsx3 库。

（2）初始化 tts 对象：engine = pyttsx3.init()。

（3）文本—语音转换并播放语音：engine.say(text)；engine.runAndWait()。

其他语速、音量和声音类别等设置请参考 pyttsx3 官网。

模块 ❽ 人脸识别：机器也认识你

随着人工智能技术的发展，机器不仅能"听懂"人的声音，而且能"看出"人的身份。例如，机器能对图像进行分类，"看懂"图像记录的内容，甚至能识别出视频中的内容，即机器具有与人类似的视觉功能。在计算机视觉领域，最热门的应用技术之一是人脸识别技术，其典型应用场景包括"手机刷脸解锁""刷脸支付""眨眼支付""刷脸认证"等。在这个"信息就是生产力"的时代，信息的私密性显得尤为重要，如何安全有效、方便快捷地识别一个人的身份，保障个人信息安全，为打通信息"大动脉"、加快发展新质生产力提供安全屏障，成为许多应用领域必须解决的重要问题。那么，机器是怎样识别人脸的呢？又是如何确认"此脸非彼脸"的呢？接下来带着这些问题探寻人脸识别背后的奥秘。

本模块内容导读如图 8-1 所示。

图 8-1　模块 8 内容导读

8.1　人脸识别基础

人脸识别技术具体是指用摄像机或摄像头采集含有人脸的图像或视频流，并自动在图像或视频流中检测和跟踪人脸，进而对检测到的人脸进行脸部处理的一系列相关技术，通常也被称为人像识别、面部识别等。

8.1.1　人脸识别技术发展简史

早在 20 世纪 50 年代，认知科学家就已着手对人脸识别展开研究。20 世纪 60 年代，人脸识别工程化应用研究正式开启。当时的研究主要利用了人脸的几何结构，通过分析人脸五官特征点及其之间的拓扑关系进行人脸识别。这种方法简单直观，但是一旦人脸表情发生变化，精度就会严重下降。

21 世纪的前 10 年，随着机器学习理论的发展，学者们相继探索出了基于遗传算法、支持向量机、增强算法（Boosting）、流形学习及核方法等进行人脸识别的方法。

2009～2012 年，稀疏表示（Sparse Representation）因为其优美的理论和处理遮挡因素方面的健壮性成为当时的研究热点。与此同时，业界也基本达成共识：基于人工精心设计的局部特征描述子进行特征提取和基于子空间方法进行特征选择能够取得最好的识别效果。伽柏（Gabor）及 LBP（Local Binary Pattern，局部二进制模式）特征描述子是迄今为止在人脸识别领域较为成功的两种人工设计局部特征描述子。

这期间，对各种人脸识别影响因子的针对性处理也是研究热点，如人脸光照归一化、人脸姿态校正、人脸超分辨及遮挡处理等。LFW（Labeled Faces in the Wild，一种常用的人脸数据集）人脸识别公开竞赛在此背景下开始流行，当时最好的识别系统尽管在受限的 FRGC（Face Recognition Grand Challenge，人脸识别大挑战）测试集上能有 99% 以上的识别精度，但是在 LFW 测试集上的最高精度仅有 80% 左右，距离"实用"还颇远。

自此之后，研究者们不断改进网络结构，同时扩大训练样本规模，将网络在 LFW 测试集上的识别精度不断提升到新的高度。例如 2013 年，微软亚洲研究院的研究者首度尝试了 10 万规模的训练数据，并基于高维 LBP 特征和 Joint Bayesian 方法在 LFW 训练集上获得了 95.17% 的精度。这一结果表明：大规模的数据集对于有效提升非受限环境下的人脸识别精度很重要。然而，以上所有这些非神经网络经典方法都难以应对大规模数据集的训练场景。

2014 年前后，随着大数据和深度学习的发展，神经网络备受瞩目，它在图像分类、手写体识别、语音识别等应用中获得了远超经典方法的效果。香港中文大学的研究团队提出将卷积神经网络应用到人脸识别上，采用 20 万规模的训练数据，在 LFW 数据集上第一次得到超过人类水平的识别精度，这是人脸识别发展历史上的一座里程碑。表 8-1 给出了人脸识别发展中的经典方法及其在 LFW 数据集上的精度。一个基本的趋势是：训练数据规模越来越大，识别精度越来越高。

表 8-1 人脸识别发展中的经典方法及其在 LFW 数据集上的精度

时间	方法	训练数据	方法描述	在 LFW 数据集上的精度
1990 年	Eigenfaces	小于 1 万	主成分分析	60.02%
2006 年	LBP+CSML	小于 1 万	局部二进制模式+度量学习	85.57%
2013 年	High-dim LBP	10 万	高维 LBP+Joint Bayesian	95.17%
2014 年	Deep ID	20 万	CNN+Softmax	97.45%
2015 年	VGG	260 万	VGG+Softmax	98.95%
2016 年	FaceNet	2 亿	Inception+Triplet-loss	99.63%
2017 年	Faster RCNN	1000 万	深度学习	99.82%

8.1.2 人脸识别系统

由前文可知，人脸识别是一个比较复杂的过程。由于人脸作为生物特征，具有唯一、固定、不易损坏、仿造困难、抗不配合等特性，因此被广泛应用于金融服务、公安司法刑侦、自助服务和信息安全等领域。一个完整的人脸识别系统包括人脸图像采集及检测、人脸图像预处理、人脸图像特征提取和人脸图像识别 4 个部分，如图 8-2 所示。

图 8-2　人脸识别系统的构成

1. 人脸图像采集及检测

通过采集设备以静态或动态的形式采集人脸图像，只要用户在采集设备的拍摄范围内，采集设备就会自动搜索并拍摄用户此时此刻的位置和表情图像。那如何知道拍摄的图像中是否存在人脸呢？这就需要进行人脸检测。

人脸检测用于在复杂的场景及背景图像中寻找特定的人脸区域，并分离出人脸，即准确标注出人脸的位置和大小。显然，人脸可以根据某些模式和特征来寻找，就像人类用某些显著特征来区分不同的物体一样。这些模式和特征有：颜色、轮廓、纹理、结构或者直方图特征等。把这些特征信息挑选出来，并利用它们实现人脸检测。

一些其他的技术也可以实现人脸检测，如基于模板匹配的人脸检测技术：从数据库中提取人脸模板，接着采取一定的模板匹配策略，使抓取的人脸图像与从模板库提取的图像相匹配，由相关性的高低和所匹配的模板大小确定人脸大小及位置信息。还有基于统计的人脸检测技术：对于由"人脸""非人脸"图像构成的人脸正、负样本库，采用统计方法强化训练模型，从而实现对人脸和非人脸的图像的检测和分类。

2. 人脸图像预处理

直接获取的原始图像由于受到各种条件的限制和随机干扰（如光照明暗程度及设备性能的优势等），往往不能直接用于人脸识别，因为图像可能存在有噪点、对比度不够等缺点。另外，距离远近、焦距大小等又使得人脸在整个图像中的大小和位置不确定。为了保证人脸图像中人脸大小、位置及人脸图像质量的一致，必须对人脸图像进行预处理。

人脸图像预处理主要包括人脸扶正、人脸图像的增强和归一化处理等工作。人脸扶正是为了得到端正的人脸图像；人脸图像增强是为了提高人脸图像的质量，使图像不仅在视觉上更加清晰，而且更利于计算机的处理与识别；归一化处理的目标是取得尺寸一致、灰度取值范围相同的标准化人脸图像。

3. 人脸图像特征提取

基于人类视觉特性的基本原理，利用人脸的眼睛、鼻子、嘴唇、眉毛和下巴等关键部位的几何特征和它们之间结构关系的几何描述，可以将不同的人脸区分开。人脸图像特征提取的方法可以归纳为 3 类：基于五官的特征提取方法、基于模板的特征提取方法和基于代数方法的特征提取方法。

（1）基于五官的特征提取方法。该方法过于依赖先验知识，需要在自适应和检测准确率之间进行权衡，受人脸表情等的影响很大。对人脸五官如眼睛、鼻子、嘴唇等进行描述，并考虑眼睛、鼻子、嘴唇之间的位置关系，将五官之间的欧氏距离、角度及其大小和外形量化成一系列参数，可以比较准确地提取到人脸的基本特征。

（2）基于模板的特征提取方法。人脸的大致轮廓和五官位置基本是固定的，在提取特征之前先定义一个标准的模板。定义模板需要用到人脸五官的几何特征矢量，它可以通过虹膜中心、内眼角点、外眼角点、鼻尖点、鼻孔点、耳屏点、耳下点、口角点、头顶点、眉内点和眉外点等关键点得到。标准模板可以是固定模板，也可以是参数可变的可变性模板。固定模板比较简单，但是环境变化时模板也要更换，有很大的局限性，一般只适用于简单的人脸图像；可变性模板以五官的几何特征作为模板的参数，定义一个能量函数，通过改变参数使能量函数值最小，能量函数值越小越接近提取目标。

（3）基于代数方法的特征提取方法。此类方法使用代数变换来提取人脸图像特征，其中比较经典的方法是特征脸方法。人脸可以由一些基本特征（如鼻子、眼睛和嘴唇等特征）描述，因此描述人脸的图像可以很小。特征脸方法依据 K-L 变换，可以将协方差矩阵分解，将原始图像变换到一个新的维数较低的特征空间，它通过计算矩阵的特征值和特征向量，利用人脸图像的代数特征信息来提取脸部五官的特征。这类方法具有无须提取眼睛、嘴唇和鼻子等几何特征的优点，但在单样本的情况下识别率不高，且在人脸类别数较大时计算量大。

4. 人脸图像识别

一旦提取到人脸的特征向量，就可以按某种机器学习算法将此特征向量与数据库中存储的特征模板进行匹配。设定一个阈值，如果两特征向量的相似度超过这个阈值时，则找到待识别对象，输出匹配结果。由此可见，人脸图像特征提取是整个人脸识别系统中的关键环节，特征描述越精确，就越能体现人脸的差异性和独特性，有助于改善人脸识别的效果。

8.1.3 人脸识别关键技术

为进一步弄清楚人脸识别的基本原理，更好地发挥人脸识别技术在具体场景中的作用，有必要了解人脸识别涉及的几种关键技术。

1. 人脸检测

人脸检测实际上是一种二分类技术，正如前文所介绍的猫狗分类器一样，人脸分类器可以预测图像扫描区域是人脸还是非人脸，如图 8-3 所示。

图 8-3　人脸检测示意图

由图可见，一个图像首先被分割为大小不等的若干图像块。这种分割是很密集的，然后人脸分类器会预测每一个图像块是否为人脸，如果预测为人脸，则图像块的位置会显示出识别框。显然，人脸分类器是预先训练好的分类模型，它"知道"哪种图像块是人脸或人脸的一部分。读者可能会问，不同尺寸、不同位置的图像块可能被同时预测为人脸，那一张人脸上不是会有很多识别框了吗？的确如此，但可以通过后处理融合技术将这些属于一张人脸的多个识别框融合为一个识别框，如图 8-3 中的左图所示。

2. 人脸特征提取

每个人的脸部特征都是有区别的，那如何将一张人脸的特征提取出来，形成一个固定长度的字符串或固定格式的数值串，以此来对人脸的特征进行表征呢？一种常见的做法是对人脸的关键点（如眼睛、眉毛、嘴唇及鼻子轮廓等）使用某种特征提取算法，将关键点坐标与预定模式进行比较，然后计算人脸的特征值。图 8-4 所示为关键点分布情况。

（a）　　　　　　　　　（b）

图 8-4　72 个关键点（a）和 150 个关键点（b）分布情况

通过关键点可以较准确地识别多种人脸属性，如性别、年龄、表情、情绪等，将其作为识别人脸的重要特征。例如根据人脸五官关键点坐标将人脸对齐（通过旋转、缩放、抠取等操作将人脸调整到预定的大小和形态），然后利用性别分类算法和年龄估计算法进行属性分析，计算人的性别和年龄。

3. 人脸识别

人脸识别的应用场景主要分为人脸比对和人脸搜索两种。人脸比对是在提取人脸特征的基础上计算两张人脸的相似度，从而判断这两张人脸是否属于同一个人，并给出相似度评分。在已知用户的情况下，确认是否为用户本人的比对操作（即 1∶1 身份验证），如图 8-5 所示，其可用于真实身份验证、人证合一验证等场景。

图 8-5　人脸比对

人脸搜索是指在一个指定人脸库中查找相似的人脸。给定一个图像，将其与指定人脸库中的 N 张人脸进行比对，找出最相似的一张或多张人脸图像，根据待识别人脸与现有人脸库中人脸的匹配程度返回用户信息和匹配度（一般按相似度降序排列），即 1∶N 人脸搜索，如图 8-6 所示，其可用于用户身份识别、身份验证等相关场景。

图 8-6 人脸搜索

8.2 认识 OpenCV

认识 OpenCV

"看"是人类与生俱来的能力，人类能利用视觉从复杂的环境中分辨出他想要找的东西、聚焦他感兴趣的对象，即便有时环境恶劣也能一眼认出亲朋好友。正因为被赋予了视觉，人类才对周围的世界有更多的生活经验和联想认知，可以从容地处理视觉信息。借助一些工具（如 OpenCV）也能让计算机具有与人类相似的视觉。

8.2.1 OpenCV 的框架结构

OpenCV 是一个基于伯克利软件发行版（Berkeley Software Distribution，BSD）许可发行的开源、跨平台计算机视觉和机器学习软件库，可以运行在 Linux、Windows、Android 和 macOS 等操作系统上。它由一系列 C 语言函数和少量 C++类构成，同时提供了 Python、Ruby、MATLAB 等语言的接口，轻量且高效，实现了图像处理和计算机视觉方面的很多通用算法。OpenCV 的一个目标是提供易于使用的计算机视觉接口，从而帮助人们快速建立精巧的视觉应用，其常应用于工业产品质量检验、医学影像处理、安保、交互操作、相机校准等。OpenCV 的框架结构如图 8-7 所示。

图 8-7 OpenCV 的框架结构

图 8-7 中主要模块的功能如下。

（1）Core 核心功能模块：包含 OpenCV 基本数据结构、动态数据结构、绘图函数、数组操作相关函数、辅助功能、系统函数等基本数据结构和基本运算功能。

（2）Imgproc 图像处理模块：包含线性和非线性的图像滤波、图像的几何变换、其他图像转换、直方图相关计算、结构分析和形状描述、运动分析和对象跟踪、特征检测和目标检测等图像处理功能。

（3）Objdetect 目标检测模块：包含级联分类（Cascade Classification）和 Latent SVM 这两个部分。

（4）Features2D 特征模块：包含特征检测和描述、特征检测器（Feature Detector）通用接口、描述符提取器（Descriptor Extractor）通用接口、描述符匹配器（Descriptor Matcher）通用接口、通用描述符（Generic Descriptor）匹配器通用接口、关键点绘制函数和匹配功能绘制函数等。

（5）calib3d 相机校准和三维重建模块：包含基本的多视角几何算法、单个立体摄像头标定、物体姿态估计、立体相似性算法及 3D 信息的重建等。

（6）Video 视频分析模块：包括运动估计、背景分离、对象跟踪等与视频处理相关的功能。

（7）Stitching 图像拼接模块：包含流水线拼接、特点寻找和图像匹配、估计旋转、自动校准、图像歪斜、接缝估测、曝光补偿和图像混合等。

（8）ML 机器学习模块：基本上是统计模型和分类算法，包含统计模型（Statistical Model）、一般贝叶斯分类器（Normal Bayes Classifier）、k 近邻、支持向量机、决策树、增强学习、梯度提高树（Gradient Boosted Trees）、随机树（Random Trees）、超随机树（Extremely Randomized Trees）、期望最大化（Expectation Maximization）、神经网络和 MLData 等。

8.2.2　OpenCV 中的人脸分类器

为了在 Python 环境下使用 OpenCV，请使用以下命令安装 OpenCV 第三方库 opencv-python。

```
pip3 install opencv-python
```

以上命令会安装最新版本的 opencv-python，也可以执行下列命令安装指定版本的 opencv-python。

```
pip3 install opencv-python == 4.6.0.66
```

安装好 opencv-python 后，Python 的第三方模块文件夹 site-packages 中会出现一个新的文件夹 cv2，cv2/data/下保存了许多用于检测人脸、眼睛、微笑等的训练好的分类器，这些分类器以 XML 文件的形式存储，如图 8-8 所示。

图 8-8 中的分类器是 Haar 特征分类器，Haar 特征分为 4 类：边缘特征、线性特征、中心特征和对角线特征。它们一起组合成特征模板。特征模板内有白色和黑色两种矩形，并定义该模板的特征值为白色矩形像素之和减去黑色矩形像素之和。Haar 特征反映了图像的灰度变化情况。例如，脸部的一些特征能由矩形特征简单描述，如眼睛颜色比脸颊颜色深、鼻梁两侧颜色比鼻梁颜色深、嘴唇颜色比周围颜色深等。Haar 特征分类器的基本工作原理

是：用一个子窗口在待检测的图像窗口中不断移位滑动，子窗口每到一个位置，就会计算出该区域的 Haar 特征，然后用训练好的级联分类器对该特征进行筛选，一旦该特征通过了所有强分类器的筛选，则判定该区域为人脸。除此之外，OpenCV 还支持使用 LBP 特征进行人脸检测。

名称	修改日期	类型	大小
__pycache__	2024/6/9 13:06	文件夹	
__init__.py	2024/6/9 13:06	Python File	1 KB
haarcascade_eye.xml	2024/6/9 13:06	XML 源文件	334 KB
haarcascade_eye_tree_eyeglasses.xml	2024/6/9 13:06	XML 源文件	588 KB
haarcascade_frontalcatface.xml	2024/6/9 13:06	XML 源文件	402 KB
haarcascade_frontalcatface_extended.xml	2024/6/9 13:06	XML 源文件	374 KB
haarcascade_frontalface_alt.xml	2024/6/9 13:06	XML 源文件	661 KB
haarcascade_frontalface_alt_tree.xml	2024/6/9 13:06	XML 源文件	2,627 KB
haarcascade_frontalface_alt2.xml	2024/6/9 13:06	XML 源文件	528 KB
haarcascade_frontalface_default.xml	2024/6/9 13:06	XML 源文件	909 KB
haarcascade_fullbody.xml	2024/6/9 13:06	XML 源文件	466 KB
haarcascade_lefteye_2splits.xml	2024/6/9 13:06	XML 源文件	191 KB
haarcascade_licence_plate_rus_16stages.xml	2024/6/9 13:06	XML 源文件	47 KB
haarcascade_lowerbody.xml	2024/6/9 13:06	XML 源文件	387 KB
haarcascade_profileface.xml	2024/6/9 13:06	XML 源文件	810 KB
haarcascade_righteye_2splits.xml	2024/6/9 13:06	XML 源文件	192 KB
haarcascade_russian_plate_number.xml	2024/6/9 13:06	XML 源文件	74 KB
haarcascade_smile.xml	2024/6/9 13:06	XML 源文件	185 KB
haarcascade_upperbody.xml	2024/6/9 13:06	XML 源文件	768 KB

Data (D:) > Users > songchp > anaconda3 > Lib > site-packages > cv2 > data

图 8-8　训练好的分类器

可以利用图 8-8 中不同的分类器进行检测，以识别不同的对象。其中常用的分类器及其说明如表 8-2 所示。

表 8-2　常用的分类器及其说明

分类器	说明
haarcascade_frontalface_default.xml	人脸分类器（默认）
haarcascade_frontalface_alt2.xml	人脸分类器（Haar 方法）
haarcascade_profileface.xml	人脸分类器（侧视）
haarcascade_eye.xml	眼部分类器
haarcascade_lefteye_2splits.xml	眼部分类器（左眼）
haarcascade_righteye_2splits.xml	眼部分类器（右眼）
haarcascade_fullbody.xml	身体分类器
haarcascade_smile.xml	笑脸分类器

当然，如果想检测人脸以外的其他对象，如汽车、花卉、动物等，同样可以使用 OpenCV 来构建和训练自己的分类器完成特定对象的检测。有关人脸检测、人脸识别等的相关技术文档、不同版本软件的一些使用实例，可以在 OpenCV 官网查看。下面结合具体项目介绍 OpenCV 在人脸识别方面的一些应用。

8.3 项目1——照片智能搜索

8.3.1 提出问题

随着人们生活水平的提高和手机照相功能的日趋完善，人们可以随自己心意拍摄照片，可以在一场说走就走的旅行途中记录下许多令人心动的瞬间。不知不觉之中，每个人都保存了大量的生活照片。然而，每当想重温照片或者想分享一张特别满意的照片时，从众多的照片中一遍遍翻找的确是一件费时费力的事情。能否借助 AI 的人脸识别技术来帮助人们自动整理照片，实现照片的智能搜索呢？答案无疑是肯定的。

下面利用人脸识别技术和 OpenCV 对相册中的照片进行自动挑选以解决上述问题。

8.3.2 解决方案

手动从相册中找出指定人物的系列照片并不是一件困难的事情，但效率可能不尽如人意，毕竟手动翻阅每张照片是件耗时费力的事。现在尝试让计算机替代人来完成这件事，难点在于如何从被检测照片中识别出与目标人脸高度相似的人脸，如果被检测照片中有此人脸，说明该照片就是目标照片，否则该照片将被忽略。因此，一种可行的方案是：首先训练计算机，让其认识不同样式的同一系列人脸，让它知道其实这些照片上的人是同一个人，从而得到目标人脸识别模型；其次，遍历相册中的每张照片，检测出照片上所有的人脸，提取人脸特征，然后用目标人脸识别模型依次对人脸特征进行预测比对，两者之间只要有一次高度匹配，就保留对应的照片，并立即进行下一张照片的搜索，如果均不匹配，则忽略对应的照片，进行下一张照片的搜索，直至搜索完所有的照片；最后得到的所有保留照片就是智能搜索的结果。至此，整个照片智能搜索过程结束。

解决方案的流程如图 8-9 所示。

图 8-9 解决方案的流程

8.3.3 预备知识

利用 OpenCV 智能搜索照片时有两个重要的环节：一是人脸区域的检测，要用到前文提到的人脸分类器；二是基于人脸区域数据的人脸识别，要用到人脸识别算法。下面分别介绍 OpenCV 中人脸分类器和人脸识别算法的使用方法。

1．人脸分类器

可以从网络上下载别人训练好的人脸分类器，也可以自己训练。在此使用表 8-2 中默认的人脸分类器来检测照片中的人脸。

【引例 8-1】检测照片中的所有人脸，并用矩形框标识人脸区域。

（1）引例描述

照片文件 pic1.jpg 是一张含有两张人脸的生活照片，请把该照片中的人脸检测出来，并用黑色矩形框进行标识。

（2）引例分析

先利用事先训练好的人脸检测模型来构建一个人脸分类器，然后读取照片文件，为改善人脸检测效果，将其转换成灰度图。接下来，用人脸分类器检测出照片中的人脸区域，并用矩形框标识，最后显示有人脸标记的图像即可。

（3）引例实现

按照引例分析，编程完成照片中人脸的检测，实现的代码（case8-1.ipynb）如下。

```
1   import cv2
2   import numpy as np
3   faceCascade = cv2.CascadeClassifier('data/haarcascade_frontalface_
    default.xml')
4   img = cv2.imread('data/pic1.jpg')
5   gray = cv2.cvtColor(img,cv2.COLOR_BGR2GRAY)
6   faces = faceCascade.detectMultiScale(gray,1.3,5)
7   for (x,y,w,h)in faces:
8       cv2.rectangle(img,(x,y),(x+w,y+h),(0,0,0),1)
9   cv2.imshow('pic',img)
10  cv2.waitKey(0)
11  cv2.destroyAllWindows()
```

为方便调用默认的人脸分类器，将文件 haarcascade_frontalface_default.xml 复制到源程序所在位置的 data 文件夹中，通过代码行 3 来构建人脸分类器 faceCascade。代码行 4 读取照片文件 pic1.jpg，代码行 5 将其转换成灰度图。代码行 6 对灰度图 gray 按搜索窗口比例系数为 1.3、相邻矩形最小个数为 5 的扫描方式检测人脸，并返回检测到的人脸矩形框向量数组。代码行 7～8 遍历该向量数组，在图像 img 中人脸的相应位置绘制出矩形框。代码行 9 显示绘制有人脸矩形框的图像。代码行 10 一直等待用户的按键响应，按任意键继续，并通过代码行 11 关闭所有的窗口。人脸的检测结果如图 8-10 所示。

由图 8-10 可以看出，照片中的两张人脸被成功检测出来，人脸的位置及大小数据如图 8-11 所示。

图 8-10　人脸的检测结果

图 8-11　人脸的位置及大小数据

2. 人脸识别算法

目前 OpenCV 支持特征脸 EigenFace、线性判别分析脸 FisherFace 和直方图脸 LBPHFace 这 3 种人脸识别算法。

（1）EigenFace 算法

EigenFace 算法的基本思想是：把人脸从像素空间变换到另一个空间，在另一个空间中做相似性的计算。首先选择一个合适的子空间，将所有的图像变换到这个子空间中，然后该算法在这个子空间中衡量相似性或者进行分类学习。通过变换到另一个空间，同一个类别的图像会聚到一起，不同类别的图像会距离得比较远。这是因为目标图像受各种因素（如光照、视角、背景和形状等）的影响，这些因素会导致同一个目标图像在视觉信息上呈现显著的不同，在原像素空间中不同类别的图像在分布上很难用简单的线或者面切分开，但是如果变换到另一个空间，就可以很好地把它们切分开。

EigenFace 算法利用主成分分析（Principal Component Analysis，PCA）得到人脸分布的主要成分，对训练集中所有人脸图像的协方差矩阵进行特征值分解，得到对应的特征向量，这些特征向量就是"特征脸"。每个特征向量或者"特征脸"相当于捕捉或者描述人脸之间的一种变化或者特性，这就意味着每张人脸都可以表示为这些特征向量的线性组合。经过 PCA 空间变换后，每一个特征向量在这个空间中就是一个点，这个点的坐标就是这张人脸在每个特征下的投影坐标。计算每个人脸特征向量之间的距离，若距离小于某一阈值，可认为这些特征向量代表同一个人的脸，否则代表不同的人的脸。

（2）FisherFace 算法

该算法由现代统计学的奠基人之一罗纳德·费希尔（Ronald Fisher）提出，故称为 FisherFace 算法。FisherFace 算法是基于线性判别分析（Linear Discriminant Analysis，LDA）算法实现的，LDA 算法的基本思想是：将高维样本数据投影到最佳分类的向量空间，保证数据在新的子空间中有更大的类间距离和更小的类内距离。特征脸图像反映的是原始模式变化最大的成分，以使得图像重建后的均方差最小，因此 EigenFace 算法受光照条件等与人脸识别无关的因素的影响较大。而 FisherFace 算法的线性判别分析算法利用了类成员信息并抽取了一个特征向量集，该特征向量集强调的是不同人脸的差异而不是光照条件、人脸表情和方向的变化。FisherFace 算法结合了 PCA 和 LDA 的优点，既保留了原始人脸空间数据的绝大部分主要特征，又考虑了原始图像中不同类别之间的分类特征，并在此基础上实现了原始人脸空间向特征空间的转换，最终形成 FisherFace 特征向量，其后续的人脸识别步骤和 EigenFace 算法完全一致。

（3）LBPHFace 算法

局部二进制编码直方图（Local Binary Patterns Histograms，LBPH）是基于提取图像特征的 LBP 算子，如果直接将 LBP 编码图像用于人脸识别，其实和不提取 LBP 特征区别不大，因此在实际的 LBP 应用中，一般采用 LBP 编码图像的统计直方图作为特征向量进行分类识别。该算法的大致思路是：先使用 LBP 算子提取图像特征，这样可以获取整个图像的 LBP 编码图像；再将该 LBP 编码图像分为若干个区域，获取每个区域的 LBP 编码直方图，从而得到整个图像的 LBP 编码直方图。该算法能够在一定范围内减少因为没完全对准人脸区域而造成的误差。其另一好处是可以根据不同的区域赋予不同的权重系数，如人脸图像往往在图像的中心区域，因此中心区域的权重往往大于边缘区域的权重。通过对图像进行上述处理，人脸图像的特征便提取完了。最后当需要进行人脸识别时，只需要将待识别的人脸数据与数据集中的人脸特征进行对比，特征距离最近的便是同一个人的人脸。

OpenCV 的扩展包 opencv-contrib-python 提供了相应的函数以便构建上述 3 种人脸识别算法的模型，因此在使用人脸识别模型前，要执行以下命令安装 OpenCV 的扩展包。

```
pip3 install opencv-contrib-python
```

扩展包提供的 3 种人脸识别模型函数如表 8-3 所示。

表 8-3　3 种人脸识别模型函数

函数	说明
EigenFaceRecognizer_create	创建 EigenFace 人脸识别模型
FisherFaceRecognizer_create	创建 FisherFace 人脸识别模型
LBPHFaceRecognizer_create	创建 LBPHFace 人脸识别模型

由于 LBPHFace 算法不会受到光照、缩放、旋转和平移的影响，且执行性能高、通用性较好，因此是 OpenCV 中首选的人脸识别算法。

【引例 8-2】识别指定照片中的人。

（1）引例描述

有两组照片集，分别属于两个人，另外单独提供一张照片，让计算机识别出照片中的人。

（2）引例分析

采用 LBPHFace 算法构建一个人脸识别模型，基于两组照片集对该模型进行训练，让计算机先"认识"这两个人，然后用训练好的模型去预测指定的那张照片可能是谁，并查看置信度评分。

（3）引例实现

根据上述引例分析，将两组照片集分别存放在两个文件夹中，文件夹的名字就是人物的名字，如图 8-12 所示。

图 8-12　两组照片集及待识别照片

编写如下代码（case8-2.ipynb），以识别图 8-12 中的照片 who.jpg 中的人物是 huangshuai 还是 limu。

```
1    import cv2
2    import os
3    import numpy as np
4    images = []
5    labels = []
```

```
6    whoPath = ''
7    name2num = {'huangshuai':1,'limu':2}
8    num2name = {1:'huangshuai',2:'limu'}
9    faceCascade = cv2.CascadeClassifier('data/haarcascade_frontalface_
     default.xml')
10   for root,dirs,filenames in os.walk('data\\case8-2\\'):
11       for filename in filenames:
12   if filename! = 'who.jpg':
13               filePath = os.path.join(root,filename)
14               img = cv2.imread(filePath,0)
15               faces = faceCascade.detectMultiScale(img,1.3,3)
16   name = filePath.split('\\')[-2]
17   for (x,y,w,h) in faces:
18                   images.append(img[y:y+h,x:x+w])
19                   labels.append(name2num[name])
20           else:
21               whoPath = os.path.join(root,filename)
22   faceRecognizer = cv2.face.LBPHFaceRecognizer_create()
23   faceRecognizer.train(images,np.array(labels))
24   whoimg = cv2.imread(whoPath,0)
25   whoFace = faceCascade.detectMultiScale(whoimg,1.3,3)
26   for(x,y,w,h) in whoFace:
27   pred_index,conf_score = faceRecognizer.predict(whoimg[y:y+h,x:x+w])
28      print('待识别照片中的人是:',num2name[pred_index])
29      print('置信度评分 = ',conf_score)
```

代码行 4～5 分别用列表类型的人脸数据集 images、标签集 labels 保存用于训练人脸识别模型的人脸数据集和标签集。代码行 7～8 定义人物"huangshuai""limu"对应的标签号为"1""2"。代码行 9 构建一个人脸分类器 faceCascade。代码行 10～21 对指定目录 data\\case8-2\\下的文件夹及文件进行遍历，如果文件不是待识别照片 who.jpg，则将它们作为训练集。代码行 15 检测人脸。代码行 18～19 将人脸数据和标签数据分别保存到列表 images 和 labels 中。若是待识别照片，则在代码行 21 保存其路径。代码行 22 构建一个 LBPHFace 类型的人脸识别模型。代码行 23 利用人脸数据集 images 和标签集 labels 对该模型进行训练。代码行 26～29 对照片 who.jpg 中的人脸进行识别。代码行 27 用训练好的模型对该照片的人脸进行预测，返回人物标签号 pred_index 和置信度评分 conf_score。代码行 28～29 分别输出识别的人物名字和置信度评分。照片的识别结果如图 8-13 所示。

待识别照片中的人是：limu
置信度评分= 43.436413586212915

图 8-13　照片的识别结果

由图 8-13 可以看出，计算机正确识别出照片 who.jpg 中的人物是 limu，该结论的置信度评分约为 43，小于 50，说明匹配度还是较高的。若置信度评分等于 0，说明完全匹配。LBPHFace 算法识别效果好的置信度评分参考值要低于 50，而高于 80 被认为是效果不好。

需要指出的是，对于人脸识别模型的训练，训练集越多，预测效果越好。模型一旦训练好，可以用 XML 文件的形式将其保存起来，以便下次直接读取调用，避免每次预测前都要训练一次的麻烦。

8.3.4 任务 1——训练人脸识别模型

【任务描述】文件夹 persons 中有目标人物的几张照片，用照片中的人脸训练人脸识别模型，让模型"认识"该人脸，并保存该模型，以便后续利用该模型去"辨认"照片集中的人脸。为此，要新建文件 8-3_task1.ipynb。

【任务目标】提取照片中的人脸数据构成训练集，使用训练集对 LBPHFace 人脸识别模型进行训练，将训练好的模型保存起来。

【完成步骤】

1. 构建一个人脸分类器

为方便代码重用，在文件 8-3_task1.ipynb 中定义函数 get_face_cascade，以构建一个人脸分类器，代码如下。

```
1    import cv2
2    import os
3    import numpy as np
4    def get_face_cascade(model_file):
5        faceCascade = cv2.CascadeClassifier(model_file)
6         return faceCascade
```

代码行 5 利用 cv2 中已训练好的人脸检测文件 model_file 来构建人脸分类器 faceCascade。

2. 生成目标人脸数据的训练集

根据前文的解决方案，需要获取目标对象的人脸数据和标签数据，作为人脸识别模型的训练集。编写以下代码，得到训练集。

```
1    def get_faces_trains(file_path,model_file):
2        images = []
3        labels = []
4        faceCascade = get_face_cascade(model_file)
5        for file in os.listdir(file_path):
6            filePath = os.path.join(file_path,file)
7            img = cv2.imread(filePath,0)
8            faces = faceCascade.detectMultiScale(img,1.3,3)
9            x,y,w,h = faces[0]
10           images.append(img[y:y+h,x:x+w])
11           labels.append(1)
12       return images,labels
13   images,labels = get_faces_trains('data/persons/','data/haarcascade_
     frontalface_default.xml')
```

代码行 2~3 定义的变量分别保存人脸数据和标签数据。代码行 5~11 遍历目录 file_path 下所有的目标人物照片文件。代码行 7 读入灰度图。代码行 8 利用人脸分类器对灰度图检测人脸。代码行 10~11 分别保存人脸数据和标签数据，因为已知训练照片属于同一个人，所以标签数据相同。代码行 13 利用定义好的函数 get_faces_trains 来获取 data/persons/目录下目标人脸的训练集。

3. 训练人脸识别模型

有了训练集，就可以对 LBPHFace 人脸识别模型进行训练，代码如下。

```
1  faceRecognizer = cv2.face.LBPHFaceRecognizer_create()
2  faceRecognizer.train(images,np.array(labels))
3  faceRecognizer.save('data/models/my_LBPHfaceRec.xml')
```

标签集 labels 是列表类型的，需要将其转换成向量类型，然后在代码行 2 对人脸识别模型进行训练，并在代码行 3 将训练好的模型保存起来，以备后续随时调用。至此，就得到了一个可用于搜索照片的人脸识别模型。

8.3.5 任务 2——利用训练好的模型来搜索照片

【任务描述】任务 1 已经按照指定的人物照片训练好了人脸识别模型，下一步就可以利用该模型在照片集中搜索想要的照片。

【任务目标】搜索照片集中与目标人脸高度相似的照片并显示搜索结果。

【完成步骤】

1. 加载训练好的模型

初始化人脸识别方法，读取训练好的模型文件，将其作为识别照片的人脸分类器。代码如下。

```
1  faceRecognizer1 = cv2.face.LBPHFaceRecognizer_create()
2  faceRecognizer1.read('data/models/my_LBPHfaceRec.xml')
```

2. 在照片集中搜索要找的照片

有了人脸分类器 faceRecognizer1 后定义函数 search_photos，用它去搜索与目标人脸相似的照片，代码如下。

```
1  def search_photos(file_path,model_file):
2      faceCascade = get_face_cascade(model_file)
3      i = 0
4      for file in os.listdir(file_path):
5          filePath = os.path.join(file_path,file)
6          pred_img = cv2.imread(filePath)
7          gray = cv2.cvtColor(pred_img,cv2.COLOR_BGR2GRAY)
8          faces = faceCascade.detectMultiScale(gray,1.3,3)
9          x,y,w,h = faces[0]
10         pred_index,conf_score = faceRecognizer1.predict(gray[y:y+h,
    x:x+w])
11         if conf_score<50:
12             i += 1
13             cv2.putText(pred_img,str(i),(x+int(w/2),y+int(h/2)),
    cv2.FONT_HERSHEY_SIMPLEX,1,(0,0,255),3)
14             cv2.imshow('foundImage',pred_img)
15             cv2.waitKey(0)
16         cv2.destroyAllWindows()
17 search_photos('data/photos/','data/haarcascade_frontalface_
    default.xml')
```

代码行 4～16 遍历目录 file_path 下的照片集。代码行 7 将读取的彩色图转换成灰度图。代码行 10 用人脸分类器 faceRecognizer1 预测当前人脸数据应归属于哪一类、置信度如何。代码行 11～16 判断置信度评分，如果小于 50，则说明当前照片中的人脸与目标人脸高度相似，通过代码行 13 在人脸中间部位写上序号，然后通过代码行 14 显示该照片。代码行 17 调用定义的函数 search_photos，完成照片的搜索任务。搜索到的 6 张照片如图 8-14 所示。

图 8-14　搜索到的 6 张照片

可以看出，搜索到的 6 张照片上的人脸与原目标人脸属于同一个人，说明本次智能搜索是有效的。当然，在实际应用过程中，不排除漏搜和多搜的情况，这时就要考虑通过调参，甚至更改人脸分类器和识别模型等方法来改善搜索效果。

8.4 项目 2——安全帽检测赋能安全管理

8.4.1　提出问题

项目 2——安全帽
检测赋能安全管理

建筑工地、化工工厂、矿山作业区以及交通管理现场等环境要求工作人员佩戴安全帽，这一举措不仅事关每位工作人员的生命安全，还是企业安全生产的基本保障。然而，在实际生活和工作中，总有一些人抱着侥幸的心理，违规不戴安全帽，置自己生命于不顾，给本人、企业带来较大的安全隐患。为了及时、有效地提醒工作人员佩戴安全帽，最大限度保障生命和生产安全，是否可以运用计算机视觉设计一个安全帽智能检测系统来做好安全防范工作呢？令人备受鼓舞的是，清华大学机研究人员开源的目标检测器 YOLOv10 的问世为本问题的解决提供了一个高效的方案。

下面将利用 YOLOv10 目标检测器来设计一个安全帽智能检测系统，助力企业提升检测效率和加强安全管理。

8.4.2　解决方案

先收集实际工作场景中工作人员是否佩戴安全帽的图片，并利用样本标注工具（如 LabelImg）对是否佩戴安全帽进行标注，以形成自定义数据集。接下来下载 YOLOv10 项目，安装依赖项，下载预训练模型，做好训练模型的配置工作。然后编写模型训练代码，基于自定义数据集对 YOLOv10 的预训练模型进行重新训练，以得到针对实际应用场景的安全帽检测模型。最后在应用程序中加载自训练模型，并打开摄像头来捕获场景视频，利用该模型对数据帧进行安全帽识别，如果检测到工作人员没有佩戴安全帽，则用红色框和文字进行标识；如果佩戴安全帽，则用绿色框和文字进行标识，然后实时显示视频效果。如此反复对视频数据帧进行人员安全帽识别，直至没有读到视频数据帧或用户按 Esc 键退出安全帽检测。

解决方案的流程如图 8-15 所示。

图 8-15 解决方案的流程

8.4.3 预备知识

前面已经提到，YOLOv10 是我国清华大学在计算机视觉领域的标志性杰作。相比以往的 YOLO 系列版本，它在性能和推理延迟上有所提升，实现了整体效率、准确率驱动的模型设计。大量实验表明，YOLOv10 在各种模型规模上实现了 SOTA（State-of-the-Art）性能和效率。那它的主要创新点是什么？另外，YOLOv10 究竟是一个怎样的模型呢？带着这些问题，接下来去一探 YOLOv10 的真容。

1．YOLOv10 简介

YOLOv10 是基于 Ultralytics Python 软件包开发的，它通过改进模型架构和消除非极大值抑制（Non-Maximum Suppression，NMS），以较低的计算需求实现了最先进的性能，为实时目标检测提供了一种新方法。

（1）模型创新及版本

YOLOv10 基于之前的 YOLO 模型，在模型构建上引入了以下几项关键创新。

① 主干网络：YOLOv10 的主干网络主要负责特征提取，它使用了增强版的 CSPNet（Cross Stage Partial Networks，跨阶段局部网络），以改善梯度流并减少计算冗余。

② 颈部：颈部设计用于汇聚不同尺度的特征，并将其传递到头部。它包括 PAN（Path Aggregation Network，路径聚合网络）层，可有效实现不同尺度的特征融合。

③ 一对多检测头：在训练阶段为每个对象生成多个预测框，以提供丰富的监督信号并提高模型学习准确性。

④ 一对一检测头：在推理阶段为每个对象生成一个最佳预测，不需要 NMS，从而减少延迟并提高检测效率。

截至 2024 年 5 月，YOLOv10 共有 6 种模型，可满足不同的应用需求。

- YOLOv10-N：用于资源极其有限环境的纳米版本。
- YOLOv10-S：兼顾速度和精度的小型版本。
- YOLOv10-M：通用中型版本。

- YOLOv10-B：平衡型版本，宽度增加，精度更高。
- YOLOv10-L：大型版本，精度更高，但计算资源增加。
- YOLOv10-X：超大型版本，可实现最高精度和性能。

从官网公布的图 8-16 所示的在 COCO 数据集上的测试结果来看，YOLOv10 不同版本均有不俗的表现。对于小型版本 YOLOv10-S 预训练模型，其输入图像的尺寸为 640 像素 × 640 像素，模型参数容量为 7.2MB，每秒浮点运算量（FLOPs）达到 21.6GB，平均精度（AP^{val}）指标为 46.3%，处理延迟仅为 2.49ms。由此可见，与 YOLO 以往的系列模型相比，它在性能和延迟方面均取得了显著的提升。

Model	Test Size	#Params	FLOPs	AP^{val}	Latency
YOLOv10-N	640	2.3M	6.7G	38.5%	1.84ms
YOLOv10-S	640	7.2M	21.6G	46.3%	2.49ms
YOLOv10-M	640	15.4M	59.1G	51.1%	4.74ms
YOLOv10-B	640	19.1M	92.0G	52.5%	5.74ms
YOLOv10-L	640	24.4M	120.3G	53.2%	7.28ms
YOLOv10-X	640	29.5M	160.4G	54.4%	10.70ms

图 8-16 YOLOv10 模型测试结果

（2）预训练模型的分类数

从 COCO 数据集的配置文件 coco.yaml 来看，YOLOv10 的预训练模型能对图 8-17 所示的 80 种对象进行识别。如果要识别更多种类的对象，则在其基础上添加新的类别标签，并在 COCO 数据集中添加新的标注样本，重新训练模型即可。当然，如果仅用于识别新的对象，如识别人员是否佩戴安全帽，那么在模型的 YAML 配置文件中定义新的分类号和名称即可，然后用自定义数据集对预训练模型进行重新训练，让训练后的新模型具有识别安全帽的能力。

```
0 :person        1 :bicycle       2 :car            3 :motorcycle    4 :airplane      5 :bus           6 :train         7 :truck
8 :boat          9 :traffic light 10:fire hydrant   11:stop sign     12:parking meter 13:bench         14:bird          15:cat
16:dog           17:horse         18:sheep          19:cow           20:elephant      21:bear          22:zebra         23:giraffe
24:backpack      25:umbrella      26:handbag        27:tie           28:suitcase      29:frisbee       30:skis          31:snowboard
32:sports ball   33:kite          34:baseball bat   35:baseball glove 36:skateboard   37:surfboard     38:tennis racket 39:bottle
40:wine glass    41:cup           42:fork           43:knife         44:spoon         45:bowl          46:banana        47:apple
48:sandwich      49:orange        50:broccoli       51:carrot        52:hot dog       53:pizza         54:donut         55:cake
56:chair         57:couch         58:potted plant   59:bed           60:dining table  61:toilet        62:tv            63:laptop
64:mouse         65:remote        66:keyboard       67:cell phone    68:microwave     69:oven          70:toaster       71:sink
72:refrigerator  73:book          74:clock          75:vase          76:scissors      77:teddy bear    78:hair drier    79:toothbrush
```

图 8-17 预训模型的 80 个识别类别

2. 浅尝 YOLOv10 的预训练模型

如前所述，YOLOv10 共 6 种不同类型的预训模型，分别适用于不同的应用场景和性能要求。下面，以小型版本 YOLOv10-S 预训模型为例进一步介绍如何使用预训模型来进行目标识别。

（1）创建 Python 虚拟环境

为避免安装 YOLOv10 的运行环境对原 conda 基础环境 base 产生改变及影响，建议采用如下命令创建新的运行环境 yolo10。

```
conda create -n yolo10 python = 3.10
```

执行命令后，名为 yolo10 的运行环境就创建好了，如图 8-18 所示。

图 8-18　创建运行环境 yolo10 的结果

接下来，执行如下命令以激活环境 yolo10，如图 8-19 所示。

```
conda activate yolo10
```

图 8-19　运行环境 yolo0 被激活

Python 的运行环境 yolo10 创建完毕。

（2）安装 YOLOv10 的相关包

首先从 GitHub 的官网下载 YOLOv10 的源代码文件夹 yolov10-main，将其存放在某一位置，如 D:\jupyter-notebook\AI_basic\chapter8\yolov10-main，然后进入该目录，依次执行如下命令。

```
pip install -r requirements.txt
pip install .
```

上述命令将 YOLOv10 的相关依赖包和当前项目以 ultralytics 包的形式安装在 Python 环境里，这样就可以随时调用这些包提供的功能函数。

（3）下载预训模型

从 GitHub 官网的相关链接或执行如下代码将预训模型 yolov10s.pt 下载到本地。

```
wget https://github.com/THU-MIG/yolov10/releases/download/v1.1/yolov10s.pt
```

建议将模型文件存放在 yolov10-main\model\ yolov10s.pt 位置，以备后续调用。

（4）模型检测

① 方法 1：命令方式。通过如下命令行进行目标识别。

```
yolo task = detect mode = predict model = .\model\yolov10s.pt source = ..\data\images
```

将预测的图像存放在文件夹\data\images 中，执行完上述命令后，检测的结果会保存在当前路径下的 runs\detect\predict 目录下，如图 8-20 所示。

图 8-20　命令执行结果

打开 predict 文件夹，发现里面的所有图像都进行了标注。

② 方法 2：代码行方式。编写如下代码，拟对指定的图像进行目标检测。

```
from ultralytics import YOLOv10
model = YOLOv10("./yolov10-main/model/yolov10s.pt")
results = model.predict('./data/images/image3.jpg')
results[0].show()
```

执行上述代码后，目标检测的结果如图 8-21 所示。

图 8-21　目标检测结果

由此可见，模型对图像里的人物和自行车均判断正确，说明模型的检测效果还是不错的。predict 函数的常用参数及其说明如表 8-4 所示。

表 8-4　predict 函数的常用参数及其说明

参数	说明
source	待检测图片的路径或 numpy.ndarray（图像的多维数组格式数据）或 PIL.Image 对象数据
conf	设置检测时的目标置信度阈值，只保留高置信度的检测框，如 conf=0.5
iou	设置 NMS 的阈值，用于消除重复检测，如 iou=0.5
classes	指定检测筛选到的类名列表，如要检测特定类，只需在类列表中输入对象的 ID 即可，如 classes=[0,2]

【引例 8-3】对图像文件 image2.jpg 中的目标进行识别。

（1）引例描述

待进行目标检测的图像存放在目录 ./data/helmet_images 下，如果目标的置信度大于90%，则用绿色框标识；否则用红色框标识。

（2）引例分析

首先用预训模型对图像中的目标进行检测，并返回推理结果。然后对推理结果进行解析，对其中的置信度进行判断，如果置信度大于 90%，则将框线的颜色置为绿色，否则置为红色，最后输出已重新标识框线的图像。

（3）引例实现

按照上述引例分析编写如下代码（case8-3.ipynb），完成目标检测任务。

```
1   import cv2
2   from ultralytics import YOLOv10
3   image = cv2.imread('./data/helmet_images/image2.jpg')
4   model = YOLOv10("./yolov10-main/model/yolov10s.pt")
5   results = model.predict(source = image,conf = 0.5)
6   for result in results:
7     for box in result.boxes:
8         label = f"{result.names[int(box.cls[0])]}"
9         confidence = box.conf[0]
10        x_min,y_min,x_max,y_max = int(box.xyxy[0][0]),\
   int(box.xyxy[0][1]),int(box.xyxy[0][2]),int(box.xyxy[0][3])
11        color = (0, 255, 0)
12        if confidence< 0.90:
13            color = (0, 0, 255)
14        cv2.rectangle(image, (x_min,y_min), (x_max,y_max), color, 2)
15        cv2.putText(image,label+':'+f"{confidence*100:.0f}%",\
   (x_min,y_min-10),cv2.FONT_HERSHEY_SIMPLEX,1,color,2)
16  cv2.imshow('objest Detection', image)
17  cv2.waitKey()
```

代码行 2 导入 YOLOv10 类。代码行 3 读取文件 image2.jpg 的图像数据。代码行 4 构建 YOLOv10 的小型版本模型。代码行 5 按 50%的置信度对图像进行目标检测，并返回检测结果 results。代码行 6～15 依次对检测到的目标进行处理，其中代码行 7 遍历每个目标的边界框，代码行 8 获取目标的类别名称；代码行 9 获取检测目标的置信度；代码行 10 依次获取框线左上角、右下角的坐标值；代码行 11～13 定义框线的颜色，如果置信度 confidence 小于 90%，则框线颜色为红色，否则为绿色；代码行 14 在图像 image 上绘制边界框；代码行 15 在边界框的左上方绘制类名和置信度，至此，检测目标的边界框处理完成。待所有检测目标处理完毕后，在代码行 16 显示改写后的目标检测结果。代码行 17 等待用户的输入。代码的运行结果如图 8-22 所示。

图 8-22　代码的运行结果

由运行结果可以看出，识别出的摩托车、汽车和戴安全帽的人因置信度小于 90%，边界框线的颜色为红色，其他识别出的置信度高的人则用绿色的框线标识，表明模型的预测效果还是不错的。如果要让 YOLOv10 模型能对图像中的人员是否佩戴安全帽进行识别，又该如何实现呢？

8.4.4　任务 1——准备训练模型用的样本集

【任务描述】YOLOv10 的预训练模型并不具备识别人员是否佩戴安全帽的功能。因此，要根据目标模型的功能要求准备对应的安全帽样本数据集，以备后续模型的训练、验证之需。为达到更好的训练效果，建议结合实际应用领域，多收集此领域中不同场景的人员图像（含佩戴安全帽和未佩戴安全帽两类），并利用 LabelMe、Make Sense 等离线或在线工具进行标注，以形成的样本数据集。

【任务目标】按 YOLO 数据集标注格式对所有图像进行标注，将标注后的图像集分为训练集和验证集两部分。

【完成步骤】

1. 标注图像

将所有采集的样本图像进行批处理标注，如图 8-23（a）的图像标注后，形成图 8-23（b）所示的标注文件内容，最后形成自定义的安全帽数据集 datasets，其包含 images 和 labels 两个文件夹，分别保存图像文件和标注文件。

图 8-23　样本图像（a）标注后的内容（b）

2. 分割训练集和验证集

采用随机抽取的方式将样本数据集分为训练集和验证集两部分，从样本层面尽可能防止模型过拟合，提高模型的性能。具体实现代码如下。

```
1   def split_datasets(data_dir, output_dir, val_ratio):
2       images = [filename for filename in os.listdir(os.path.join(
        data_dir, "images")) if filename.endswith(".jpg")]
3       labels = [filename for filename in os.listdir(os.path.join(
        data_dir, "labels")) if filename.endswith(".txt")]
4       val_count = int(len(images) * val_ratio)
5       val_images = random.sample(images, val_count)
6       for imgfile in val_images:
7           shutil.move(os.path.join(data_dir,'images',imgfile),\
            os.path.join(output_dir,'val','images'))
8           shutil.move(os.path.join(data_dir,'labels',\
```

209

```
                imgfile.replace('.jpg','.txt')),\
                os.path.join(output_dir,'val','labels'))
 9      for imgfile in images:
10          if imgfile not in val_images:
11              shutil.move(os.path.join(data_dir,'images',imgfile),\
                os.path.join(output_dir,'train',"images"))
12              shutil.move(os.path.join(data_dir,'labels',\
                imgfile.replace('.jpg','.txt')),\
13              os.path.join(output_dir,'train','labels'))
14  print('自定义数据集生成完毕！')
```

调用上述 split_datasets 函数，执行如下代码，按 8:2 的比例生成训练集和验证集。

```
split_datasets('./yolov10-main/datasets/','./yolov10-main/datasets/',
0.2)
```

有了训练集和验证集，就可以对 YOLOv10 的预训练模型重新进行训练，使训练后的模型具备识别人员是否佩戴安全帽的能力。

8.4.5 任务 2——训练 YOLOv10 模型

【任务描述】基于任务 1 准备好的样本数据集，先定义好训练 YOLOv10 模型所需的数据集路径、数据集的类别数及标签，然后加载预训练模型，最后对其进行训练以得到最佳的训练模型。

【任务目标】利用准备好的数据集对预训练模型 YOLOv10 进行迭代训练，得到用于识别安全帽的最佳模型。

【完成步骤】

1. 配置 data.yaml 文件

data.yaml 文件包含训练用的数据集目录、训练集和验证集的路径、样本的类别数和样本标签等内容，如图 8-24 所示。

图 8-24　data.yaml 文件的内容

2. 训练模型

此模型训练过程耗时较长，主要取决于数据集大小、算力水平和迭代次数等因素。为提升模型训练效率，此处使用配置了两块 NVIDIA Quadro RTX 4000 GPU 的 DELL 服务器提供算力。训练模型具体的实现代码如下。

```
1   import sys
2   sys.path.append('./yolov10-main/ultralytics')
3   from ultralytics import YOLOv10
4   model_yaml_path = './yolov10-main/ultralytics/cfg/models/
                v10/yolov10_helmet.yaml'
5   data_yaml_path = './yolov10-main/datasets/data.yaml'
6   pre_model_name = './yolov10-main/model/yolov10s.pt'
7   model = YOLOv10(model_yaml_path).load(pre_model_name)
8   results = model.train(data = data_yaml_path,epochs = 100,
            batch = 10,device = [0,1],name = 'train_yolov10s')
```

代码行 2 将 ultralytics 目录加入模块搜索路径。代码行 3 导入 YOLOv10 模块。代码行 4 指定模型训练配置文件地址。代码行 5 指定数据集的配置文件地址。代码行 6 定义训练模型的名称。代码行 7 构建一个训练模型对象 model。代码行 8 对模型 model 进行训练，并返回训练结果。经过约 3.5 个小时的迭代训练，出现图 8-25 所示的训练结果。

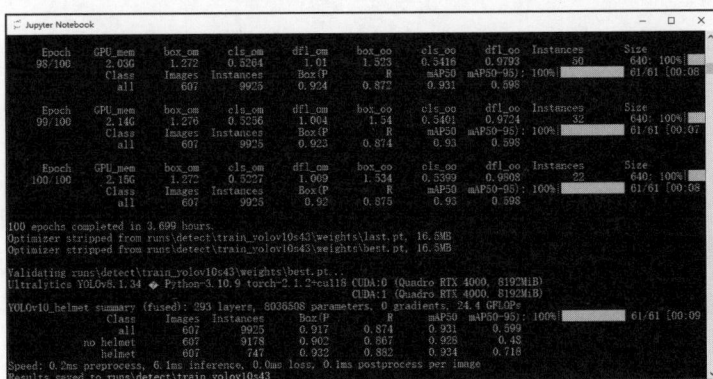

图 8-25　模型训练结果

从图 8-25 可以看出，经过 100 轮次的训练优化后最佳的模型 best.pt 保存在 weights 目录下。用到的验证集图像共 607 张，其中未佩戴安全帽的实例有 9178 个，佩戴安全帽的实例有 747 个。模型在 50% 的 IoU 阈值下的平均精度 mAP 为 93.1%，在 50%～95% 的 IoU 阈值范围内的平均精度 mAP 为 59.9%。训练过程中一些主要评估指标的变化情况如图 8-26 所示。

图 8-26　主要评估指标的变化情况

由图 8-26 可以看出，模型经过 100 轮次的训练后，边界框优化误差 box_om、分类优化误差 cls_om、特征点损失优化值 dfl_om、召回率 recall、平均精度 mAP 等模型评估指标均趋于稳定，说明模型已达到收敛状态。

8.4.6 任务 3——检测视频中的人员是否佩戴安全帽

【任务描述】得到最佳的训练模型 best.pt 后，加载该模型并打开摄像头，对出现在视频中的人员是否佩戴安全帽进行实时检测，如果人员没有佩戴安全帽，则用红色框标识；如果人员佩戴安全帽，则用绿色框标识。

【任务目标】对视频中的人员是否佩戴安全进行实时检测，以验证模型的性能。

【完成步骤】

1. 构建识别模型并打开摄像头

执行以下代码，基于训练的最优模型 best.pt 构建一个模型对象，并打开指定设备的摄像头。

```
1   import cv2
2   from ultralytics import YOLOv10
3   model = YOLOv10("./yolov10-main/model/best.pt")
4   capture = cv2.VideoCapture(0)
```

代码行 3 构建一个安全帽识别模型对象 model。代码行 4 打开计算机内设备索引号为 0 的摄像头，如果参数是视频文件路径，则打开视频。

2. 定义视频帧绘图函数

按照任务描述的要求，需要根据视频帧中出现的人员是否佩戴安全帽绘制不同颜色的框线。为此定义函数 draw_image 完成对应的功能。

```
1   def draw_image(image,results):
2     for result in results:
3       for box in result.boxes:
4         label = f"{result.names[int(box.cls[0])]}"
5         confidence = box.conf[0]
6         x_min,y_min,x_max,y_max = int(box.xyxy[0][0]),\
            int(box.xyxy[0][1]),int(box.xyxy[0][2]),\
            int(box.xyxy[0][3])
7         color = (0, 255, 0)
8         if label! = 'helmet':
9           color = (0, 0, 255)
10        cv2.rectangle(image,(x_min,y_min),(x_max,y_max),color,2)
11        cv2.putText(image,label+':'+f"{confidence*100:.0f}%",\
            (x_min,y_min-10),cv2.FONT_HERSHEY_SIMPLEX,1,color,2)
```

代码行 3 遍历每个检测结果中的边界框。代码行 4 获取边界框中识别对象的标签名称。代码行 5 获取识别对象的置信度。代码行 6 依次获取边界框左上角、右下角的坐标值。代码行 8～9 判断识别对象的标签名称，如果不为 helmet（即没有佩戴安全帽），则将框线颜色更改为红色。代码行 10 在视频帧上绘制框线。代码行 11 在视频帧上绘制标签名称和置信度等文字。

3. 检测每帧图像中人员是否佩戴安全帽

此检测过程主要包括数据帧的预处理、模型检测和检测结果的处理 3 个环节。具体的实现代码如下。

```
1   scaling_factor = 0.9
2   while(True):
3       ret,frame = capture.read()
4       if ret == False:
5           break
6       frame = cv2.resize(frame,None,fx = scaling_factor,\
        fy = scaling_factor,interpolation = cv2.INTER_AREA)
7       results = model.predict(frame,conf = 0.5)
8       draw_image(frame,results)
9       cv2.imshow('Helmet Detection', frame)
10      if cv2.waitKey(1) == 27:
11          break
12  if capture.isOpened:
13      capture.release()
14  cv2.destroyAllWindows()
```

代码行 1 定义帧图像的缩放比例。代码行 3 读取数据帧。代码行 4～5 判断是否读到数据帧，如果没有则退出读取视频。代码行 6 等比例缩小帧图像。代码行 7 获取模型的检测结果。代码行 8 调用 draw_image 函数在视频帧上绘制框线和文字。代码行 9 显示该帧图像的检测结果。代码行 10～11 判断用户是否按 Esc 键，如果是，则退出读取视频；如果不是，则等待 1ms 后继续读取下一帧数据。代码行 12～14 依次关闭摄像头和运行窗口。人员是否佩戴安全帽的检测结果如图 8-27 所示。

图 8-27　人员是否佩戴安全帽的检测结果

图 8-27 中（a）是未佩戴安全帽的检测结果，（b）是佩戴安全帽的检测结果，由此可以看出模型的应用效果还是非常不错的。通过几十行代码就可以构建一个实时安全帽检测系统，让人工智能技术应用在企业安全管理的前沿阵地，显示出计算机视觉技术的无穷魅力和广泛的应用前景。

模块小结

本模块学习了人脸识别的基本原理与关键技术。作为一种成熟的计算机视觉技术，人脸识别以其非接触性、非强制性、高精度的优势广泛应用于人们工作、生活的方方面面，全球许多企业和普通民众都从中受益，靠一张脸就能走遍天下的愿景指日可待。在项目 1 中，运用 OpenCV 这个计算机视觉和机器学习库设计了一个能帮助人们智能搜索照片的助手，该助手先根据要搜索的人脸进行自我学习，然后将"认识"的人脸与照片库中的人脸进行比对，如果匹配度较高，就认定该照片为要寻找的照片。整个搜索过程主要使用了 OpenCV 提供的人脸分类器和人脸识别算法。项目 2 分享了基于我国清华大学科研团队提出的 YOLOv10 预训练模型设计的安全帽检测系统。该系统首先利用自定义的数据集对 YOLOv10 预训练模型重新进行训练，然后使用训练后的最佳模型对视频中的图像进行实时的目标检测，最后按要求显示工作人员是否佩戴安全帽。两个项目均采用计算机视觉技术，分别实现了智能搜索照片和智能检测安全帽。如果上述项目加以迁移和拓展，还能用于解决其他场景中的痛点，彰显人工智能的科技力量和无穷魅力。

课后习题

一、考考你

1. 一个完整的人脸识别系统主要包含人脸图像采集及检测、_____、人脸图像特征提取和人脸图像识别 4 个部分。

    A. 人脸分类器   B. 人脸图像预处理
    C. 人脸数据获取   D. 人脸模型训练

2. 与传统密码支付相比，"刷脸支付"的突出优势是_____。

    A. 更快捷方便   B. 更安全   C. 更容易实现   D. 成本更低

3. OpenCV 主要应用于_____领域的人工智能开发。

    A. 计算机视觉和机器学习   B. 人脸识别
    C. 深度神经网络   D. 图像处理

4. OpenCV 的_____函数可用于定义人脸分类器。

    A. CascadeClassifier   B. detectMultiScale
    C. predict   D. LBPHFaceRecognizer_create

5. 下列关于 YOLOv10 的说法错误的是_____。

    A. 它是由我国清华大学科研团队提出的一种目标检测算法
    B. 它包含满足不同场景需求的 6 种预训练模型
    C. 它能对图像中所有目标对象进行识别
    D. 能利用自定义数据集对它进行训练，以满足特定应用场景的需求

6. 安装 OpenCV 的命令是_____。

    A. pip3 install OpenCV   B. pip3 install cv2
    C. pip3 install opencv_python   D. pip3 install opencv-python

7. YOLOv10 模块存在于名为_____的包中。

    A. yolov10   B. ultralytics   C. yolov10-main   D. ultralyticses

8. 获取 YOLOv10 检测结果中的边界框数据需要访问结果的_____属性。

    A. result   B. box   C. conf   D. boxes

9. 代码 cv2.waitKey(1)的功能是_____。

    A. 等待 1 分钟，并检测用户是否用

    B. 等待键盘输入，直至输入数字 1

    C. 等待 1 毫秒，并检测用户是否用

    D. 等待 1 毫秒，并检测用户是否用；若用户按下键盘的键，返回按键的 ASCII 值。

10. YOLOv10 预训练模型能检测的目标对象种类共_____个。

    A. 40   B. 80   C. 100   D. 不限

二、亮一亮

1. 人脸识别验证与传统密码验证相比有哪些优势？

2. 简述如何使用 OpenCV 提供的人脸分类器来识别人脸。

三、帮帮我

1. 人脸关键点提取是人脸识别的基础，请基于百度智能云开放接口编程实现人脸关键点提取并可视化结果，如图 8-28 所示。

（a）   （b）

图 8-28　人脸原图（a）及人脸关键点可视化（b）

提示如下。

（1）将请求的图像经 Base64 编码处理形成字符串。

（2）在百度智能云上创建人脸识别应用，基于应用的 API Key 和 Secret Key 这两个值来获取访问令牌 access_token。

（3）将图像数据、图像类型、服务版本等请求参数发送给人脸关键点服务 URL，返回识别结果。

（4）解析识别结果，并将关键点坐标以圆点的形式标记在人脸的相应位置。具体实现方法可参考百度智能云官方说明文档。

2. 设计一个违禁食物进教学楼检测系统，自动识别学生是否携带违禁食物进入教学楼，对携带者予以语音警告。

提示如下。

（1）采集及整理学生<未携带|携带>违禁食物进入教学楼的图像。

（2）对所有图像按 YOLO 数据集标注格式进行标注，形成样本集。

（3）用自定义样本对 YOLOv10 进行训练，得到最优模型 best.pt。

（4）参考项目 2 编程实现违禁食物的自动检测，如果检测到有人携带违禁食物进入教学楼，则播放事先录制好的警示语音；或运用语音合成技术生成警示语音，然后及时播报。

参考文献

[1] 腾讯研究院,中国信通院互联网法律研究中心,腾讯 AI Lab,等.人工智能:国家人工智能战略行动抓手[M].北京:中国人民大学出版社,2017.

[2] ITpro,Nikkei Computer.人工智能新时代:全球人工智能应用真实落地 50 例[M].杨洋,刘继红,译.北京:电子工业出版社,2018.

[3] 刘祥龙,杨晴虹,胡晓光,等.飞桨 PaddlePaddle 深度学习实战[M].北京:机械工业出版社,2020.

[4] 曾文权,张良均.Python 数据分析与应用[M].2 版.北京:人民邮电出版社,2021.

[5] 尼克.人工智能简史[M].2 版.北京:人民邮电出版社,2021.

[6] 李德毅.人工智能导论[M].北京:中国科学技术出版社,2018.

[7] YOLOv10:Real-Time End-to-End Object Detection [DB/OL].(2024-05-27)[2024-07-06].https://github.com/THU-MIG/yolov10.